SDG Solutions
面向SDG的中国行动

咔嗒一声迎刃而解

金钥匙可持续发展中国优秀行动集

2024

主　编　/　钱小军
副主编　/　于志宏

经济管理出版社
ECONOMY & MANAGEMENT PUBLISHING HOUSE

图书在版编目（CIP）数据

金钥匙可持续发展中国优秀行动集．2024 / 钱小军
主编．－－北京：经济管理出版社，2025.6. －－ ISBN
978-7-5243-0327-5

Ⅰ．X22-53

中国国家版本馆 CIP 数据核字第 20256EX706 号

组稿编辑：魏晨红
责任编辑：魏晨红
责任印制：张莉琼
责任校对：王纪慧

出版发行：经济管理出版社
　　　　　（北京市海淀区北蜂窝路 8 号中雅大厦 A 座 11 层　　100038）
网　　址：www.E-mp.com.cn
电　　话：（010）51915602
印　　刷：北京市海淀区唐家岭福利印刷厂
经　　销：新华书店
开　　本：720mm×1000mm/16
印　　张：11.75
字　　数：218 千字
版　　次：2025 年 7 月第 1 版　　　2025 年 7 月第 1 次印刷
书　　号：ISBN 978-7-5243-0327-5
定　　价：98.00 元

《金钥匙可持续发展中国优秀行动集》编委会

主　编: 钱小军

副主编: 于志宏

编　委:（按姓名拼音排序）杜　娟　　邓茗文　　胡文娟　　李莉萍
　　　　　　李思楚　　李一平　　王秋蓉　　朱　琳

"金钥匙——面向 SDG 的中国行动"简介

2015 年 9 月 25 日,"联合国可持续发展峰会"通过了一份由 193 个会员国共同达成的成果文件——《改变我们的世界——2030 年可持续发展议程》(*Transforming our World: The 2030 Agenda for Sustainable Development*,以下简称《2030 年可持续发展议程》)。这一包括 17 个可持续发展目标(SDGs)和 169 个子目标的纲领性文件,既是一份造福人类和地球的行动清单,也是人类社会谋求成功的一幅蓝图。可持续发展成为全球共识。

中国高度重视落实《2030 年可持续发展议程》,习近平主席多次就可持续发展发表重要讲话。2019 年 6 月,习近平主席出席第二十三届圣彼得堡国际经济论坛全会,并发表题为《坚持可持续发展 共创繁荣美好世界》的致辞。习近平主席在致辞中强调,可持续发展是破解当前全球性问题的"金钥匙"。

2020 年 1 月,联合国正式发起可持续发展目标"行动十年"计划,呼吁加快应对贫困、气候变化等全球面临的最严峻挑战,以确保在 2030 年实现以 17 个可持续发展目标为核心的《2030 年可持续发展议程》。

2020 年 10 月,为落实习近平主席提出的"可持续发展是破解当前全球性问题的'金钥匙'"论断,响应联合国可持续发展目标"行动十年"计划,"金钥匙——面向 SDG 的中国行动"在各方的支持下正式启动,旨在寻找并塑造面向 SDG 的中国企业行动标杆,讲述和分享中国可持续发展行动的解决方案和故事经验,为推动中国和全球可持续发展贡献力量。

"金钥匙——面向 SDG 的中国行动"提出并遵循"金钥匙 AMIVE 标准":①找准症结:精准发现问题才有解决问题的可能(Accuracy);②大道至简:找到"高匹配度"的问题解决路径(Match);③咔嗒一声:以创新智慧突破性解决痛点问题(Innovation);④迎刃而解:问题解决创造出综合价值和多重价值(Value);⑤眼前一亮:引发利益相关方共鸣并给予正向评价(Evaluation)。

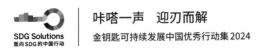

"金钥匙——面向 SDG 的中国行动"由学术界、企业界、国际组织、专业机构共同打造,坚持专业性、公正性、权威性、公益性,让具有"咔嗒一声　迎刃而解"金钥匙特征的优秀行动脱颖而出,成为贡献 SDG 的优秀解决方案(SDG Solutions),发挥示范引领作用。

截至 2024 年 12 月,"金钥匙——面向 SDG 的中国行动"已连续举办了五届,汇聚了近千项可持续发展解决方案,这些行动都是中国企业落实 SDG 的典型代表,是推动可持续发展行动的积极探索和创新,是可持续发展的中国故事。

"金钥匙——面向 SDG 的中国行动"释放了巨大的价值和社会影响力,得到了多方的高度认可,引起了社会各界的广泛关注,并于 2021 年 6 月 22 日成功入选第二届联合国可持续发展优秀实践(UN SDG Good Practices)。其中,金钥匙平台挖掘的 6 项行动也成功入选,在世界舞台精彩亮相。

"金钥匙——面向 SDG 的中国行动"自 2020 年发起以来,得到了清华大学绿色经济与可持续发展研究中心的大力支持。一方面,清华大学绿色经济与可持续发展研究中心主任钱小军教授连续五年担任"金钥匙——面向 SDG 的中国行动"的总教练,为"金钥匙——面向 SDG 的中国行动"提供了重要的学术支持和专业指导。另一方面,为进一步推广"金钥匙行动"的价值和作用,五年来清华大学绿色经济与可持续发展研究中心和《可持续发展经济导刊》共同选编了典型案例并出版了《金钥匙可持续发展中国优秀行动集》,向致力于可持续发展的企业、高校及国际平台进行推广,为全球可持续发展提供中国方案、中国故事。

编者的话

为了发挥"金钥匙——面向 SDG 的中国行动"的价值和作用,《可持续发展经济导刊》和清华大学绿色经济与可持续发展研究中心共同选编了典型案例并出版了《金钥匙可持续发展中国优秀行动集 2024》(以下简称《2024 年金钥匙行动集》)。

本着自愿参与、重点选拔原则,按照"金钥匙 AMIVE 标准",《2024 年金钥匙行动集》收录了来自 2024 年"金钥匙——面向 SDG 的中国行动"中双碳先锋、科技赋能、礼遇自然、无废世界、可持续消费、驱动变革、优质教育、ESG 创新、人人惠享、乡村振兴 10 个类别的 24 项企业优秀实践,从精准定义问题、提供高匹配度的解决方案、创造多维价值到专家点评,详细地展示了这些企业探索可持续发展解决方案的思路、做法及成果。这些金钥匙可持续发展优秀行动,彰显了中国企业强大的可持续发展行动力,展现了中国企业解决可持续发展难题的创新方案,为落实联合国 2030 年可持续发展目标作出了积极贡献,为致力于可持续发展的企业提供了示范与借鉴。

《2024 年金钥匙行动集》面向高校商学院、管理学院,作为教学参考案例,可提升未来领导力的可持续发展意识;面向致力于实现联合国可持续发展目标的企业,可促进企业相互借鉴,推动可持续发展行动品牌建设;面向国际平台,可展示、推介中国企业可持续发展行动的经验和故事。

CONTENTS
目录

SDG Solutions
面向 SDG 的中国行动

双碳先锋

国网江苏省电力有限公司苏州供电分公司

一"碳"究竟
打造企业产品"绿色身份证"

可持续发展
目标

一、基本情况

公司简介

国网江苏省电力有限公司苏州供电分公司（以下简称国网苏州供电公司）是国网江苏省电力有限公司所属特大型供电企业，营业区辖常熟、张家港、太仓、昆山 4 个县级市和姑苏、吴中、相城、吴江、工业园区、高新区（虎丘区）6 个区。国网苏州供电公司在苏州市境内建成特高压线路 7 条、特高压落点站 3 座，拥有 35 千伏及以上变电站 559 座，35 千伏及以上输电线路 1599 条。2023 年，苏州全社会用电量为 1719 亿千瓦·时、售电量为 1572 亿千瓦·时、全网最高用电负荷为 3035 万千瓦。

国网苏州供电公司牢牢把握高质量发展这个首要任务，扎实推进新型电力系统建设，建成同里区域能源互联网示范区和古城区世界一流配电网示范区，配合承办第一届"一带一路"能源部长会议、连续三届国际能源变革论坛。聚焦"暖企惠民"，推出"全电共享"电力设备模块化租赁、共享充电机器人等服务，持续优化电力营商环境。2018 年，荣获中国"实现可持续发展目标先锋企业"称号。2021 年 9 月，受邀参加联合国全球契约青年 SDG 创新者峰会。2022 年 6 月，国网苏州供电公司员工童充当选"2022 年联合国可持续发展目标全球先锋"。

行动概要

碳足迹指个体、组织、产品或国家在一定时间内直接或间接导致的二氧化碳排放量。当前，旺盛的碳足迹管理需求面临标准数据缺、数据核算难、数字化水平低、人才与服务体系弱等问题，国网苏州供电公司立足苏州外向型工业经济的特点，发挥供电企业平台及电力大数据的作用，建成了江苏省首个企业产品碳足迹实时管理平台，助力企业管理产品碳足迹、算好"减碳账"，规划节能降碳路径，提升政府及企业碳资产管理能力，补强碳足迹基础数据库，同时延伸打造"碳核算认证、碳节能减排、碳普惠交易、碳金融保险"等碳效服务，构建了多元化、一站式节能降碳服务体系，形成了精准记录产品碳足迹的"绿色身份证"，支撑国家碳排双控管理体系建设和出海贸易竞争。

二、案例主体内容

背景 / 问题

产品碳足迹管理是企业、社会实现碳足迹优化管理的关键部分。碳关税机制影响日益加深，《欧盟电池与废电池法规》更是将产品碳足迹披露纳入强制要求，以期实行绿色贸易壁垒。我国大力发展低碳经济，2024 年《政府工作报告》明确提出"建立碳足迹管理体系"的任务要求。

江苏苏州是外向型、工业型经济高地，在国际贸易及环境政策趋紧的背景下，企业和政府对科学、精准的产品碳足迹管理需求迫切。供电公司作为重要用能服务单位，掌握最全面、最精准的电力数据，具备科学先进的用能数字化管理技术，这些数据和技术是企业精准减碳、社会优化管碳的核心要素。

目前，企业及社会实现更加精准、科学的产品碳足迹管理，仍面临以下难点：

基础数据不完善。目前，我国碳足迹基础数据不完善导致核算缺乏参考值甚至无法计算。同时，企业难以客观判断产品碳排水平，跨国贸易无法有效衔接。

实时、精准核算难。传统获取碳足迹的方式是手工计算，效率、准确率低，难以满足产品碳足迹实时、精准核算的要求。

数字化管理水平低。同产业链、同行业企业具有碳足迹数字化管理的共性需求，但传统管理方式不仅效率低，还易泄露企业的隐私数据。

人才和服务保障体系薄弱。碳排核查与认证工作专业性高，企业如何形成产品碳足

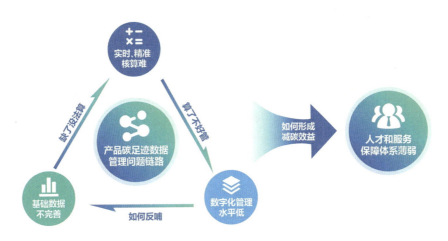

产品碳足迹管理问题链路

迹管理的实际效益，目前还缺乏专业、高效的服务保障。

行动方案

国网苏州供电公司联合政府、企业、核查认证机构、技术厂商、金融机构等，于2024年3月建成了江苏省首个企业产品碳足迹实时管理平台，助力企业管理产品碳足迹、算好"减碳账"，规划节能降碳路径，提升区域性碳足迹管理能力，补强碳足迹基础数据库，提供核算认证、节能减排、普惠交易、金融保险等碳效服务，助力企业、社会实现更加精准、科学的产品碳足迹管理。

本方案以一家具有典型代表性的出口型新兴技术企业为例，该企业以物联网控制器为主要产品。

"测""算"协同，构建企业级碳足迹测算分析模式

实时测算，精确"绘制"碳足迹数据图谱

面对企业生产线复杂、零散导致的碳足迹数据实时管理、精确核算难问题，供电公司联合企业共同开展产品生产线、工艺流程的分类和梳理，从企业生产管理系统实时采集动态的原材料、运输等数据计算碳排放量，并为产品生产线安装电表、气表进行测量，规划实时碳足迹数据的测算方法。

在企业系统端布局产品碳足迹实时测算模块，参照产品碳足迹国际通用核算标准（PAS2050），实现对碳足迹的实时、精准测算，结合实际需求可实现秒级、分钟级、小时级等不同时间颗粒度的精准采集，绘制产品碳足迹数据图谱。

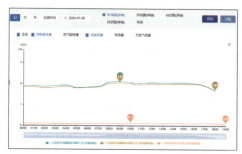
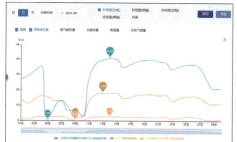
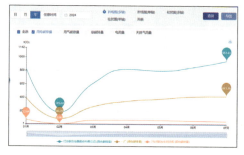

某产品车间每小时、每日、每月、每年碳排放曲线

决策支撑，精准服务企业减碳增效"痛点"

在企业精准掌握产品碳足迹的基础上，服务企业有效发挥碳足迹数字化综合管理的作用，补齐企业在数字化管碳降碳方面的"短板"。

通过辅助企业构建碳配额剩余量、碳减排预测等碳管理模块，发挥碳足迹数据的多重价值，帮助企业做好最优碳排放规划和合理减排措施，发现减排"痛点"，推荐减排策略方案。

"云边协同"，建设区域级碳足迹数字化管理平台

为进一步满足政府、行业及社会对产品碳足迹管理的需求，充分联动、汇聚分析同地域、同行业、同产业链企业集群的产品碳足迹数据管理价值，供电公司推动建设区域级碳足迹数字化管理平台。

创新构建"1+N 云边协同"碳足迹管理模式

碳足迹测算原始数据直接核算分析既不经济也不高效，同时易产生因数据泄露引发的商业风险，企业提供意愿不强。基于此，国网苏州供电公司创新构建了"1+N 云边协同"碳足迹管理模式。

"1"代表在"云端"建设统一管理平台，相当于为每家参与到平台的企业构建了一个"云端商城"，云端平台统一部署多类产品的碳足迹核算、分析、数据库等功能模块，可供企业根据需求选用下载。同时，"云端"可将碳足迹结果对接 SGS 等权威机构认证。

"N"代表 N 家"边端"企业，相当于"云端商城"的每个"用户"。边端企业根据产品属性从"云端"下载相应适用的碳足迹功能模块，完成碳足迹的本地化核算。

"1+N 云边协同"模式在助力区域碳足迹管理中具有突出亮点：一是"菜单式"定制碳足迹核算服务。企业根据需求从"云端"下载核算模块，搭建定制化的产品碳足迹核算服务模式。二是保障用户数据隐私。"边端"仅将数据结果与"云端"交互，访问和传输阶段设置密钥，保障企业隐私数据不被外泄。三是支撑多层次碳排分析。云端平台可按行业、产业链等维度开展碳排分析，边端企业可实现自身不同批次、产线碳排对比分析，实现数据驱动精准碳足迹管理。

"1+N 云边协同"碳足迹管理模式

贡献国家碳足迹基础数据库

目前，我国碳足迹基础数据库不健全导致核算缺乏参考值甚至无法计算，同时，企业难以客观判断产品碳排水平。"1+N 云边协同"模式不断汇总从企业侧上传至"云端"的产品碳足迹数据，为国家碳足迹基础数据库提供有力的数据支撑。

目前，"1+N 云边协同"碳足迹数字化管理平台重点累积并支撑包含"三库一模型"（排放因子库、产品碳足迹库、设备能效库、产品工艺模型）的碳足迹基础数据库。

服务增值，拓展构建"一站式"碳效服务模式

为提高产品碳足迹管理增值服务方面的专业支撑，拓展构建核算认证、节能减排、普惠交易、金融保险等碳效服务，破解人才和服务保障弱的"痛点"，拉动降碳活力。

高效碳核算认证。平台可直接将形成的碳足迹核算报告提交至专业认证机构进行认证，比传统由认证机构直接驻厂核查缩短时间约85%，目前已与中国质量认证中心（CQC）等5家机构达成合作协议。

精准碳减排规划。依托碳足迹核算结果，实时跟踪产品生产中的碳排放情况，挖掘减碳潜力，服务高碳排设备进行改造更新。成立"供电＋能效"服务团队，推动企业布局新能源设施，并以虚拟电厂聚合方式参与市场交易。

碳普惠交易。牵头构建了全国首个市场化碳普惠服务体系，成立了一站式服务中心，已发布分布式光伏、照明节能、湿

CQC 认证的产品碳足迹证书

地碳汇、专用充电桩四个碳普惠方法学，让有减排需求的企业在线实现碳交易。现已累计核发减排量 27 万吨、成交量 10 万吨，并与安徽、四川实现跨省交易。

"点绿成金"碳保险。应用电力大数据，构建了碳减排成效、资质信用的评价模型。与中国人民保险公司合作开发绿色保险产品，增强企业节能减排意愿。与江苏银行合作，将企业碳资信纳入绿色融资评价体系，开辟减排项目融资的绿色通道。

关键突破

构建"实时测算"的企业级产品碳足迹管理模块

项目打造了江苏省首个实时采集的产品碳足迹管理模块，可依据需求实现秒级、分钟级、小时级等不同时间颗粒度的精准采集，实现产品碳足迹实时、精准测算，核算效率提升约 85%，为企业制定光伏建设、设备改造等方面的规划提供了更为精确的碳减排方案，助力企业精准降碳、高效减碳。

打造"1+N 云边协同"的区域级碳足迹管理平台

打造"1+N 云边协同"的区域级碳足迹管理平台，为企业构建碳足迹管理的"云端商城"，使企业不仅能够定制碳足迹核算服务，还能够有效保障数据隐私，同时优化全社会的碳排分析。另外，基于实时采集的碳足迹数据还为国家碳足迹基础数据库提供了有力支持。

"一站式"碳效服务激发降碳活力

构建"一站式"碳效服务模式，解决当前碳足迹管理体系建设人才与服务支撑弱的问题，为原先碳测算、碳减排"寻路无门"的企业提供高效核算认证、精准节能降碳、普惠服务交易、碳金融保险等维度的增值服务，形成减碳增值效益，激发减碳活力。

多重价值

经济价值

一是核算认证降本增效。企业依托"1+N 云边协同"平台开展碳足迹核查认证，整体效率提升约 85%，平均减少认证成本等约 75%。若苏州外贸活跃企业每家有一款产品参与平台，相比传统方式，每年可节省 11.2 亿元，若推广至全国，每年可节省 250 亿元。**二是指导降低能耗成本。**以苏州计算机电子制造业为例，依托平台指导每年可减少能耗成本约 10 亿元，若推广至全国，每年可节省成本 400 亿元。**三是吸引绿色投资。**通过碳金融保险等，可为企业获得更多的绿色融资。

社会价值

一是为全社会碳足迹精准计量提供范式。碳足迹的实时测算，解决了传统手工填报方式存在的数据实效性、准确性、可靠性不足问题，提升了碳足迹管理的数据有效性。**二是积极支撑碳足迹基础数据库。**逐步积累重点行业、产品碳足迹数据，为国家产品碳足迹基础数据库建设提供数据支撑。**三是推动国内外碳足迹市场服务体系衔接。**依托实时测算的碳足迹核算技术，推动与国际标准互信互认，目前已与通标标准技术服务有限公司（SGS）达成初步合作意向。**四是"1+N 云边协同"模式深化碳足迹管理价值发挥。**不仅让企业能够定制碳足迹核算服务，还能有效保护自身的隐私数据，优化社会碳排分析能力。

环境价值

碳足迹管理平台能够让企业准确摸清"碳账本"，在推动实现精准减碳的同时，进一步拓展光伏绿电设施的投资使用。以苏州电子制造业为例，预计每年可节能超 14 亿千瓦·时，降碳 82 万吨，若推广至全国，每年可降碳达千万吨级。

外部评价

通标标准技术服务有限公司：该体系能够大幅提升辅助核查追溯效率，同时建立了高质量的碳足迹基础数据库。

江苏银行：获得企业碳资信的评估报告，让我们的绿色金融开展既有了依据，也有了方向。

江苏新安电器股份有限公司：碳足迹管理平台让我摸清了碳家底，找到了降碳减碳的关键环节，预计每年可节省电费超百万元。

常熟开关厂："1+N 云边协同"碳管理模式非常新颖，大幅节省了企业的人力资本和资金投入。

权威媒体：《国内出口企业积极探索产品碳足迹》《江苏首个产品碳足迹实时管理平台上线》等新闻报道先后在中央电视台、新华社等主流媒体刊发。

未来展望

未来，在建成江苏省首个实时采集产品碳足迹管理平台的基础上，国网苏州供电公司将继续完善"1+N 云边协同"产品碳足迹管理体系，结合国内碳排双控和国际碳关税制度机制，聚焦产品碳足迹核算标准、背景数据库、碳效增值服务、绿色供应链、碳标识认证五个方面，提升电工装备、新能源汽车、电池、光伏等重点领域产品碳足迹管理水平，促进相关行业绿色低碳转型。

三、专家点评

碳足迹是评估环境影响和可持续发展成效的关键参数。国网苏州供电公司通过创新的"1+N 云边协同"碳足迹管理方案，显著提升了碳数据的准确性和实时性，提供了定制化的碳效服务，增强了企业的国际市场竞争力。此举不仅展示了能源行业在绿色转型中的引领作用，还为国家碳数据库建设贡献了重要数据，并帮助企业优化能源使用、减少碳排放。苏州供电公司在碳减排、碳金融、碳普惠等方面一站式碳效增值服务的探索，为实现"双碳"目标提供了可复制的经验，是企业履行社会责任与推动绿色发展相结合的典范。

——清华大学苏世民书院副院长、经济管理学院教授　钱小军

（撰写人：周游、王骏东、石佳、单陆伟、朱越）

双碳先锋

国网宁夏电力有限公司银川供电公司

锻造"绿电小镇"先锋队，让绿电"星火"可以燎原

一、基本情况

公司简介

国网宁夏电力有限公司银川供电公司（以下简称国网银川供电公司）成立于 1973 年 10 月，是国家电网有限公司 32 家大型供电企业之一，是国网宁夏电力有限公司所属大型供电企业，承担着银川市三区两县一市的供电任务，供电营业区用户 202.67 万户。银川电网以 220 千伏为骨干网架，呈"蜂巢"形双环网结构，通过南北两座 750 千伏变电站与宁夏 750 千伏主网相连，110 千伏、35 千伏双侧电源链式网架，10 千伏"自愈式"配电网。在保供电、稳增长、惠民生、促转型中持续发力，为银川市高质量发展提供了强大的电力保障。

行动概要

在丝绸之路沿线风光资源充沛的地区，新能源装机规模大幅增长，但仍然无法实现当地 24 小时绿电供应，利用率持续走低、经济效益不足的现象仍然存在。对此，国网银川供电公司以提高新能源就地消纳为探索重点，聚焦发电和储能发展不协调、绿电利用不充分、持续供应不足阻碍绿电价值发挥的主要问题，以风光资源富集的宁夏银川市永宁县闽宁镇为试点，组建"绿电小镇"先锋队，创新构建国内首个镇域级 24 小时全绿电供应体系。首先实现"参谋长"算得准，即通过全球首个新能源最优配比模型，智能精准计算实现绿电100%供应所需的源储配置最优比例，让每笔绿电投资都价值尽显；其次实现"指挥官"用得好，即国际首创镇域级协同控制策略，让发电、储能、用电三者能够实时动态平衡，确保每度电的含绿量都达到100%；最后实现"特种兵"供得稳，即在国内率先独立运行镇域新型电力系统，无惧上级电网突发故障，保障每秒绿电供应都安稳可靠。

通过"绿电小镇"先锋队创新协同，国网银川供电公司将闽宁镇建设成为高质量就地消纳新能源的"绿色根据地"，也为以点带面、推动绿电"星火"逐步燎丝绸之路新能源发展之"原"做好了准备，提供了释放新能源优势的典范方案。

二、案例主体内容

背景/问题

随着应对气候变化及能源低碳转型越发成为全球共识，新能源产业投资也呈现积极的态势，但与之矛盾的是，在宁夏、甘肃、青海、新疆等丝绸之路经济带沿线风光资源充沛的地区仍无法实现24小时绿电供应，利用率和经济效益低的现象仍然存在，如何提高新能源利用率，并将资源优势转化为地区发展优势成为必须面对的课题。对此，国网银川供电公司从电网企业视角分析得出，有以下三个亟待解决的问题：

一是发展不协调，储能配置是新能源利用的重要保障，储能配置不足难以有效存储新能源，配置过剩则会导致资源浪费，新能源规模和储能之间发展无法有效协调。

二是利用不充分，风、光等新能源出力强度受自然环境的影响大，不同时间段的发电量存在较大的不确定性，容易出现供过于求或供不应求现象，难以实现供需实时动态平衡，影响能源利用成效。

三是价值不凸显，电网对新能源供应存在较大的影响，首先电网故障风险可能导致新能源供应中断，不得不使用非绿电保障电力供应；其次电网同时也在传输非绿电，即使购买了绿证，企业也很难直观证明自身所用能源为绿色电力。在越来越多的企业需要稳定全绿电供应的趋势下，会导致区域新能源价值难以充分发挥。

行动方案

以创新打造"绿色根据地"为导向，国网银川供电公司全面盘点筛选有助于上述问题解决的最新先进技术及合作伙伴，最终以落地应用"24小时绿电"新能源最优配比模型为起点，以实施镇域级"24小时绿电"协同控制策略承上启下，以构网型储能技术为支撑，实现纯新能源镇域110千伏新型电力系统离网运行，让闽宁"绿电小镇"成功运行国内首个镇域级24小时全绿电供应体系，成为国网银川供电公司点燃丝绸之路沿线经济带"绿色星火"的"根据地"。

算得准，"参谋长"洞察源储最优配比

国网银川供电公司参与研发的"24小时绿电"新能源最优配比模型，能够根据全国范围内不同地区负荷水平、新能源强度（光照时间、强度、风速等），精准计算实现"24小时绿电"供应所需的源荷储最优配置比例，在从源头上实现新能源出力、储能与负荷动态平衡方面，其具有不可比拟的优势。为此，国网银川供电公司充分释放其敏锐的洞察力和预判力，实时动态掌握闽宁镇现有风电、光伏等绿电电源的出力强度、储能状况及负荷信息，保障能够获得让闽宁镇实现"24小时绿电"供应的"最佳作战方案"。一方面，"参谋长"可以为清洁能源开发、储能的建设提供参考依据，助力闽宁镇合理布局投资开发区域和规模；另一方面，更高的绿电利用率、投资回报及确定性更高的投资开发需求，将为清洁能源开发商、供应商提供坚实的投资回报保障。

闽宁绿电全景监测系统

用得好，"指挥官"实现实时智慧调控

面对发电、储能、用电的动态平衡难题，国网银川供电公司国际首创镇域级"24小时绿电"协同控制策略。国网银川供电公司作为"指挥官"，在白天能够保障闽宁镇负荷由风电、光伏供电，富余新能源电力向储能电站充电；在夜间能够根据负荷与风电出力情况，实时调整储能放电功率，保证夜间绿电持续供应。作为"指挥官"，在成功

共享储能电站

保障闽宁镇风电、光伏开发规模及布局合理的前提下，成功破解了绿电供应在时间和空间上的错配，有效实现了绿电的移峰填谷，让闽宁镇所用、所储电力 24 小时 100% 为绿电，新能源利用率接近 100%，同时也能够保障"绿电小镇"为大电网不间断、稳定输送清洁绿电。

供得稳，"特种兵"护航高质绿电消纳

为进一步提升闽宁"绿电小镇"的清洁能源消纳和安全稳定供应水平，国网银川供电公司基于构网型储能技术，在国内率先建成具有独立运行能力的镇域新型电力系统。作为"特种兵"，当电力系统发生短路故障时，该系统能够迅速提供大量电流，帮助电网渡过难关，确保新能源接入点的稳定性和整个电网的安全运行；面对可再生能源的波动性和不确定性带来的挑战，该系统能够随机应变，以毫秒级速度稳住电流频率和电压，提升电能质量。同时，该系统也能够敏锐感知外部电网的其他故障，实现并离网无感切换，保证清洁能源出力不受影响。

俯瞰闽宁"绿电小镇"屋顶光伏

多重价值

经济价值

首先，对于国网银川供电公司而言，能够获得可持续经济收益。"绿电小镇"镇域级 24 小时全绿电供应体系能够通过软硬件直接销售及服务、新能源企业增效利润分成、数据分析增值服务三种模式持续盈利。例如，闽宁"绿电小镇"全绿电供应体系应用后，可保障新能源每年增发电量约 0.37 亿千瓦·时，在新能源企业增效利润分成中，供电公司可从增发电量的收益中提取 10%~20%，预计每年利润分成为 190 万元。**其次，对于闽宁镇而言，能够实现多方共赢。**一是储能年收益预计超过 4800 万元、光伏帮扶项目每年发电收入预计达 700 万元，能够有效将天然资源优势转变为可持续的经济收益；二是降低企业用能成本超过 30%，并且能够助力出口产品降低碳排放，减少碳关税负担，提高企业和产品的国际市场竞争力；三是新能源企业在建设光伏的过程中，采取了租赁居民屋顶的创新模式，每户居民平均每年能获得约 1000 元租金

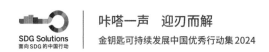
收入，共有 1.5 万户居民受益，共带动了镇区居民每年增收约 1500 万元，显著提升了居民的收入水平。

社会价值

一是让当地资源优势转化为发展机遇。闽宁"绿电小镇"通过源网荷储模式，构建政府、供电公司、清洁能源投资开发商、企业、居民等利益相关方互利共赢的生态圈，充分释放了当地清洁能源优势，促进了产业高质量发展和市场投资增长，如新增新能源企业总投资约 10.5 亿元，为当地蓬勃发展注入了强大的动力。**二是助力丝绸之路经济带我国沿线地区能源转型。**"绿电小镇"具有很强的推广价值，如在丝绸之路经济带我国沿线地区，大量的清洁能源富集区域正如一个个潜在的"绿色根据地"，静待绿电"星火"燎原。

投运后预计年消纳绿电 6.47 亿千瓦·时，节约标准煤超 7.95 万吨，减少二氧化碳排放 22.03 万吨。

外部评价

宁夏回族自治区相关负责人：先到先试，务实推进，建设样板，作出示范。

闽宁镇武河村相关负责人：村里光伏产业顺利并网得益于供电公司精准高效的服务，有了电力的支持，我们对未来的发展充满信心。

《西北首个"绿电小镇"逐绿而行　"绿色电力"赋能乡村振兴》案例荣获中国经济信息社第二届新华信用金兰杯 ESG 责任优秀案例。

《绿电赋能，打造西部乡村振兴示范新样板》入选《中国能源报》TOP100 绿光 ESG 榜。

《"绿电小镇"绘就乡村振兴新思路》行动方案入选《加速行动，加大贡献 助力能源绿色低碳转型优秀解决方案》，在第 29 届联合国气候变化大会（COP29）正式发布。

《锻造"绿电小镇"先锋队，让绿电"星火"可以燎原》获 2024"金钥匙——面向 SDG 的中国行动""贡献 SDG 的卓越解决方案"。

未来展望

未来，"绿电小镇"及其复制、推广将实现更多区域的 24 小时绿电供应全覆盖，助力开创环境保护与经济发展的新篇章。国网银川供电公司统计得出，丝绸之路经济带我国沿线地区风光富集乡镇有 2140 个，涉及新能源站 3.5 万余个，按照 10% 的覆盖比例，预计可建成"绿电小镇"214 个。从国际市场来看，丝绸之路经济带沿线国家与中国关系良好，如乌兹别克斯坦与中国在 2023 年就签订了《可再生能源领域合作协议》，未来 15 年内该国将建设约 1.1 万个不同规模新能源场站，市场前景十分广阔。这将为应对气候变化作出积极贡献，铸就绿色能源驱动下的社会、经济与环境和谐共生的美好图景。

三、专家点评

宁夏作为新型电力系统建设的先行示范省区，在全国的新型电力系统建设和能源转型中的示范和表率作用会进一步加强。

——中国工程院院士　郭剑波

宁夏"绿电小镇"让世界了解了宁夏坚持绿色发展理念，以新能源发展赋能乡村振兴，为农村生产生活带来美好改变的绿色发展故事。相信宁夏将坚持不懈地走下去，在绿色低碳、可持续发展的康庄大道上，取得更多新的成就、出现更多的"绿电小镇"。

——《可持续发展经济导刊》媒体中心主任　胡文娟

宁夏以闽宁镇为试点，探索出了一条新能源高质量利用、价值充分释放、乡村振兴绿色引领的新路径。宁夏以绿色能源助力乡村振兴和"双碳"目标的协同推进，为其他地区解决同类问题提供了借鉴和参考。

——清华大学社会科学学院能源转型与社会发展研究中心常务副主任　何继江

（撰写人：张磊、芦鹏、潘红宾、徐航、贺兴安）

双碳先锋

国网江苏省电力有限公司苏州市吴江区供电分公司

零碳智慧虚拟电厂

——城市分布式新能源科学发展的"智慧管家"

可持续发展
目标

7 经济适用的
清洁能源

13 气候行动

一、基本情况

公司简介

国网江苏省电力有限公司苏州市吴江区供电分公司（以下简称国网苏州市吴江区供电公司）是国网江苏省电力有限公司下属的大型县级供电企业，担负辖区内七镇四街道四区的供电任务。国网苏州市吴江区供电公司始终紧跟能源转型步伐，主动适应"双碳"目标和电力改革新要求，抢抓长三角一体化示范区建设机遇，加快构建新型电力系统，推动建成江苏首座虚拟电厂，推进现代智慧配电网建设。持续优化电力营商环境，建立健全"特快电力"通道，探索长三角跨区供电服务，推广应用"全电共享"服务新模式，全方位支撑吴江经济社会发展。

行动概要

近年来，城市新能源建设发展迅猛。以苏州市吴江区为例，受整县光伏补贴等政策和企业发展需求的推动，社会性投资的分布式新能源（光伏、风电等）设施激增，但随之而来在管理和效用发挥等方面，城市新能源设施的科学发展建设面临着新能源供需衔接差、经济效益发挥不足、统筹调度难等新问题。国网苏州市吴江区供电公司对标 SDG7、SDG13，联合国家电力投资集团有限公司（以下简称国家电投）打造零碳智慧虚拟电厂平台，优化调度布局分散的分布式新能源，将新能源发电和用电需求实时匹配；引导分布式新能源科学参与绿电交易，增加投资主体额外收益，实现多方获益；构建新型能源管理模式，使分布式新能源灵活满足城市负荷管理的需求。让零碳智慧虚拟电厂成为城市分布式新能源的"智慧管家"，助力减碳增效。

二、案例主体内容

背景 / 问题

随着经济社会的发展，能源领域的节能减排对应对气候变化、实现"双碳"目标意义重大，而新能源作为一种清洁、可再生的能源形式，是当前能源转型降碳的重要方式。

近年来，《关于深化电力体制改革加快构建新型电力系统的意见》《关于做好新能源消纳工作 保障新能源高质量发展的通知》等文件相继出台，受政策刺激，新能源成为企业投资热点，城市分布式新能源设施体量激增，如何更好地破解分布式新能源建设无序混乱、粗放增长难题，实现科学发展，成为社会亟须解决的问题。

苏州是用能大市，资源小市，年区外来电最高为 670 亿千瓦·时，地区全网用电负荷约占全省用电负荷总量的 1/4。而吴江地区既是苏、浙、沪两省一市的地理交界处，又是长三角区域一体化发展国家战略的中心区域，区位优势独特。近年来，苏州市吴江区作为江苏省整县光伏建设首批试点区域，分布式光伏等新能源建设推进快速，反映出了城市新能源建设的典型问题：

对于分布式新能源的投资主体、需求主体而言：

新能源供需双方缺乏衔接桥梁。一方面，新能源设施投建方盲目无序建设，造成城市新能源的清洁发电资源局部过剩无处输送；另一方面，部分缺电企业对优质电能特别是清洁电能求购无门。供需之间缺少衔接桥梁，导致城市清洁能源利用率低，无法实现减碳效益最大化。

新能源减碳成效向经济效益转化能力弱。当前，光伏、风电等新能源设施投资方投资成本回收期长，除企业自发自用节约部分电费外，形成更多收益的途径短缺。新能源电力资源的需求方因为缺少有效的价格信息指导而错失购买清洁能源的最优价格。

对于分布式新能源的城市管理者而言：

新能源统筹管理、优化协调难。光伏、风电等分布式新能源受光照、风力等因素的影响大，且能源供应具有不稳定性，如何统筹调度体量激增的分布式新能源设施，在确保接入电网稳定性的同时，协同发挥为城市供应绿色电能的资源优势，目前仍缺乏有效的协调管理手段。

行动方案

国网苏州市供电公司携手国家电投集团江苏电力有限公司，联合政府、企业、技术厂商等，对标 SDG7、SDG13，打造零碳智慧虚拟电厂平台，优化调度布局分散的分布式新能源，将区域内新能源发电和用电需求实时匹配；推动分布式新能源参与电力市场和绿电交易，增加投资主体额外收益，实现多方获益；构建新型能源管理模式，让城市内的分布式新能源更灵活地满足城市负荷管理的需求。

搭建供需对接桥梁，激发多方资源潜力

构建"能源管理平台"，让每一度清洁电"找到归宿"

相比于传统电厂，零碳智慧虚拟电厂不具有真正的发电设施，而是构建了一个"能源管理平台"，将散落分布的新能源发电资源整合起来，聚沙成塔，通过平台灵活匹配给能源需求企业，让每一度由新能源产生的清洁电都能找到需求者。对于城市整体来说，零碳智慧虚拟电厂的"能源管理平台"，不仅让体量大但不稳定的新能源，由管起来棘

虚拟电厂控制平台

手的"劣质"电力资源，变成在关键时刻能够填补城市电力缺口的优质资源，还带动了绿电建设，促进了绿电消纳，提升了新能源的利用率，实现了城市的能源降碳。

利用"大数据"搭桥，打通供需堵点

零碳智慧虚拟电厂运作的核心在于"聚合"和"协调"，犹如"滴滴打车平台"，由平台连接司机和乘客，实现出行用户需求的快速响应和高效匹配。

同样，零碳智慧虚拟电厂也是一个新能源设施的数字化调度平台，依托大数据建模、人工智能预测等算法，深度挖掘分布式新能源提供方和需求方的特性，依靠平台的智能分析算法，形成平台新能源资源的最优调度策略，高精度、实时化调控零碳智慧虚拟电厂服务地区的分布式新能源，实现新能源的最大化利用。

企业光伏

引导科学交易，构建多元化商业服务模式

在电力市场交易时，电价信息发布时间滞后，企业通常很难及时掌握新能源电能的最优价格，缺少最优价格的预测策略。零碳智慧虚拟电厂可为企业提供定制化电力交易服务，让企业在电力交易中获得投资/购买新能源的增值收益。供电公司拉网式走访企业，对零碳智慧虚拟电厂的定制化商业服务方案进行宣贯，促成零碳智慧虚拟电厂与供需双方企业签约。

苏州首个电网侧共享储能项目——震泽储能电站

预测价格信息，优化经济效益

针对电力市场交易，零碳虚拟电厂创新使用价格差异判断技术，通过分析企业的用能习惯、预测以新能源为主的负荷波动，帮助签约企业科学调整交易策略，抓住最优价格机会即时完成交易，实现经济效益最大化。相应地，签约企业可根据零碳智慧虚拟电厂提供的价格差异信号，即时改变企业用电需求，在特定时段减少或增加用电，实现经济效益优化。

引导新能源储能新策略，实现峰谷套利

零碳智慧虚拟电厂智慧平台通过分析城市分时电价政策，构建新能源峰谷套利模式，引导新能源投资主体建设并用好储能设施，在低谷电价时购买低价电能储存起来，然后在高峰电价时将储存的电能以高价售出，实现差价盈利。零碳智慧虚拟电厂的这一引导策略，在帮助企业实现盈利增收的同时，还进一步助力城市电力负荷"削峰填谷"，缓解电网供电压力。

新能源投资"风向标"，电力精准供应"缝合者"

零碳智慧虚拟电厂运用大数据分析技术，协助政府、研究机构等共同测算城市未来时间段内的用电需求，基于这些前瞻性的预测结果，不仅实现了电力供需的精准预测与灵活调度，还为城市的绿色低碳转型提供了强大的技术支持和动力源泉。

明确投资导向，科学规划布局。 零碳智慧虚拟电厂为新能源投资主体提供了明确的投资导向，促使他们根据城市不同地理区域的预测需求，按比例精准布局风电、光伏等可再生能源项目，从而有效促进新能源产业的健康发展。

精准匹配电力需求，有效填补供应缺口。 同时，这一机制还确保了新能源发电能力与城市电力需求的精准匹配，按比例精准地填补电力供应的缺口，为城市的可持续发展提供了坚实的能源保障。

关键突破

"电力＋算力"聚沙成塔，提高绿能利用率

零碳智慧虚拟电厂聚合客户负荷及各类分布式新能源，构建了多元可调资源池，打造的智能化能源管理系统，优化调度了区域内分散的分布式新能源，依据供需双方的需求，实现了区域内新能源发电和用电实时匹配，将资源优化配置发挥到最大化，实现绿能的高效应用。

精准测算，将减碳效益转化为经济效益发挥到最大化

创新构建需求响应、峰谷套利、辅助服务市场等多元化商业服务模式，利用秒级响应和跟踪技术，帮助签约用户科学调整交易策略，抓住即时交易机会，合理调整用电需求，在将减碳效益转化为经济效益发挥到最大化的同时，促进城市新能源设施科学发展。

未来导向型管理，助力城市绿色能源可持续发展

通过大数据分析，零碳智慧虚拟电厂能够精准识别电力供应的薄弱环节和冗余区域，实现电力资源的优化配置。在电力需求高峰时段，可以优先调度可再生能源发电，降低对传统化石能源的依赖；在低谷时段，则可以将多余的电力储存起来或改为他用。在管理过程中，零碳智慧虚拟电厂对未来的用电需求进行精准测算，协助城市电网预先调整下一阶段电力供应的方案，探索出了一条适合城市绿色能源可持续健康发展的路径。

多重价值

社会价值

零碳智慧虚拟电厂的建设,不仅可以帮助政府能源部门清楚自己所管辖的重点单位的用能情况和有序用电用户的负荷情况,推进"双碳"工作的开展,实现二氧化碳减排、标准煤节约,促进城市生态绿色友好发展,还可以通过整合管理资源,提高资源利用效率、资源综合监测和管理,实现综合管理决策等数据基础建设,充分发挥柔性资源可调负荷能力,辅助用户优化用能习惯,降低综合用能成本,促进用户产业结构与经济结构良性发展,实现用户收益增加。零碳智慧虚拟电厂项目已经被纳入国家电网《服务虚拟电厂建设运营试点示范项目》名单,得到了国际和行业的一致认同,相继获得第28届联合国气候变化大会(COP28)"能源转型变革者"等荣誉,入选国家发展和改革委员会办公厅发布的《绿色低碳先进技术示范项目清单(第一批)》、工业和信息化部发布的《2023年大数据产业发展示范名单》等荣誉。

经济价值

零碳智慧虚拟电厂建设投资仅为传统火电建设投资的1/8左右,且不占用土地、碳排放指标等,具有建设周期短、投资效率高的特点。项目规划建成后可减少电网侧输配电增容设施投资近9亿元。同时,项目的推广应用能够促进区域新能源消纳,通过分布式资源优化调控为电网提供削峰填谷、绿电上网等调节服务,提升电网平衡能力、安全裕度与弹性,并保障民生用电、生产用电,延缓电网改造,促进区域能源保供。

环境价值

零碳智慧虚拟电厂涵盖分布式光伏、用户侧储能、充电桩、工商业可调负荷等多元化场景,能够为苏州区域能源保供提供顶峰能力约1100MW,调峰能力约1300MW,预计全年可生产绿电量2.8亿千瓦·时、减少标准煤消耗8.5万吨、减排二氧化碳24万吨,具备助力城市高效运行、能源低碳转型的示范价值,助力苏州市高质量实现"双碳"目标。

 外部评价

国电投零碳能源(苏州)有限公司:零碳智慧虚拟电厂可以结合不同的客户资源禀赋,通过市场与技术手段相结合的方式,开展需求响应、短期辅助服务、中长期辅助服务、储能峰谷套利和绿电交易等商业模式实践,具有很强的社会价值。

吴江区发展和改革委：零碳智慧虚拟电厂利用区域分布式新资源将产生的绿电销售给电力用户，对促进区域清洁能源消耗。实现零碳化、绿色化发展有着重要作用。

京奕特种纤维：零碳智慧虚拟电厂模式有效聚合社会闲散可调负荷参与电力调节，一方面保障了用电企业可靠用电，减少了非计划停电给企业带来的损失；另一方面促使用电企业节约用电，合理安排在用电高峰期进行停电检修，且能获得一定补贴，有效助力企业降本增效。

苏州贝得科技有限公司：参与零碳智慧虚拟电厂后，我们能更好地控制新能源，减少浪费，成本也降了不少。

苏州兴齐钢结构工程有限公司：零碳智慧虚拟电厂作为创新能源管理模式，极大地提升了电网灵活性与能效，对于企业而言，是降低运营成本、实现绿色转型的有效途径，增强了我们的市场竞争力。

未来展望

描绘"光伏蓝"，勾勒"电网绿"。国网苏州市供电公司和国家电投集团江苏电力有限公司将按照"苏州试点，发达城市复制，全省推广"的虚拟电厂"三步走"实施策略，加快推动常态化参与辅助服务市场的交易模式，实现运营收益最大化。

三、专家点评

零碳智慧虚拟电厂这一创新性的能源管理模式充分响应了全球向清洁源转型的需求，特别是在应对城市分布式新能源设施发展中的挑战时，具有重要的示范意义。该项目通过优化调度、实时匹配新能源发电与用电需求，有效破解了新能源供需衔接不畅、经济效益发挥不足等问题，推动了绿色电力市场建设，并在提升电力系统的灵活性和智能化水平方面作出了积极探索。从系统性角度来看，零碳智慧虚拟电厂的构建，还能通过智能调度，增强电网对新能源波动的适应能力。特别是在鼓励分布式新能源参与绿电交易的同时，项目为投资主体提供了新的盈利模式，体现了可再生能源市场的多元化发展。

——中国企业联合会管理现代化工作委员会专家、责扬天下联席总裁 管竹笋

（撰写人：俞恺、杨奕彬、吴帼婧、吉如奕）

科技赋能

阿里巴巴集团

追星星的 AI

—— 国内首个关照孤独症儿童的 AI 绘本工具

一、基本情况

公司简介

阿里巴巴集团（以下简称阿里巴巴）于 1999 年在中国杭州创立。25 年来，阿里巴巴秉持"让天下没有难做的生意"，协助国内电商繁荣发展；坚持开放生态，魔搭社区已开放了超 3800 个开源模型；助力乡村振兴，累计派出了 29 位乡村特派员深入 27 个县域；推动平台减碳，首创了"范围 3+"减碳方案；坚持全员公益，用"人人 3 小时"带来小而美的改变……这些行动所构成的阿里巴巴的底色，与创造商业价值的阿里巴巴一样重要。

行动概要

为进一步加强孤独症儿童关爱服务，解决孤独症儿童及家庭的"急难愁盼"问题，2024 年 7 月，中国残疾人联合会等七部门联合印发了《孤独症儿童关爱促进行动实施方案（2024—2028 年）》，提出用 5 年左右时间，有效改善孤独症儿童成长、发展环境。

"追星星的 AI"由阿里巴巴联合中国青少年发展基金会及孤独症儿童干预机构，在 2024 世界人工智能大会上共同发布，是国内首个关照孤独症儿童的 AI 绘本工具。该绘本工具针对孤独症儿童特殊的个体定制需求，基于阿里巴巴自研的 Modelscope-Agent 框架，调用阿里巴巴通义大模型的多项服务，只需输入一句话介绍故事梗概，就能自动生成有声故事绘本，用孤独症儿童更易接受的画风、文风生成绘本，帮助他们学习各项能力，促进教育机会的均等化。同时，AI 绘本使用门槛低、灵活性高；在父母、老师的深度参与下，定制化的 AI 绘本可以与其他干预方法相结合，成为面向孤独症儿童开展智慧教学、增加陪伴乐趣的重要工具。

"追星星的 AI"公益绘本工具在 2024 年世界人工智能大会发布

截至 2024 年 11 月底，已有近 20 万人次使用了"追星星的 AI"产品。项目志愿者相信，"人有温度，AI 才有温度"，作为一家开放的科技平台企业，阿里巴巴能够用 AI 与伙伴一起重构千行百业，更有责任用 AI 关照到更多的弱势群体，切实履行企业社会责任。

二、案例主体内容

背景 / 问题

"人有温度，AI 才有温度"。近年来，AI 技术突飞猛进，正在为千行百业重构新的生产力。阿里巴巴员工意识到，AI 也可以关注弱势群体，释放科技向善、破解难题的价值，而孤独症儿童正是一个值得被关注的群体。

孤独症谱系障碍（ASD）是一种神经发育障碍，影响个体的社交互动、沟通能力及行为模式。每个孤独症儿童的需求和反应各不相同。在孤独症干预领域，一个核心的原则是为每个孩子定制个性化的教育方案，以满足他们特定的需求和优势。国内外的研究表明，绘本在孤独症儿童的干预当中具有积极作用，但每个孤独症儿童的认知水平、兴趣爱好都不同，需要定制化、个性化的教育方式，家长很难找到适配的绘本。AI 多模态技术的出现，为突破这个难点提供了新的可能。

行动方案

"追星星的 AI"是一颗从阿里巴巴公益榜发芽的公益种子。阿里巴巴集团有良好的员工公益氛围，每年"阿里巴巴公益榜"都会奖励过去一年对公益事业有突出贡献的员工。2024 年 2 月，"星星加油站"公益幸福团团长褚韩龙讲述了身为孤独症儿童父亲投身于关爱孤独症群体的经历，并且播放了一段他的孩子"图图"用稚嫩的声音断断续续讲出的新年祝福语。这一幕深深触动了阿里巴巴的员工，进而引发了他们的思考：阿里巴巴的技术和人才，能为孤独症儿童做些什么？

经过一个月的深入调研，一个想法逐渐成形——用 AI 多模态技术解决星宝陪伴及干预中定制化物料的生成，为孤独症儿童定制绘本。说干就干！2024 年 4 月 23 日是第 29 个世界读书日，"追星星的 AI"在阿里巴巴内网及阿里巴巴官方公众号发布了志愿者招募令。短短一周内，征集邮箱便收到了众多志愿者的报名信息，包括专业的行为干预师、特教老师、孤独症儿童的家长、儿童绘本编剧和画师，以及魔搭社区的开发者、通义的算法工程师等。这些志愿者的加入使一个由 40 多人组成的产品技术团队迅速成型。

在接下来的三个月里，团队成员利用业余时间，致力于产品的打磨和模型的调整。

在这个过程中，社会各界的温暖和力量不断涌现。上海美术电影制片厂免费授权旗下的孙悟空和大耳朵图图的形象版权作为主角来讲故事、孤独症儿童干预机构的专业特教老师及志愿者积极参与产品测试，帮助团队发现并修正产品中的问题。最终，"追星星的 AI"在 2024 年 6

星宝家庭体验"追星星的 AI"温馨场景

月底成功通过了专家评审。

公益初心："总说我们的孩子应该融入这个世界，终于有人愿意看到他们的需求了。"这是"追星星的 AI" 发布后一则家长的留言，也是团队成员的初心——让 AI 去追上这些来自星星的孩子。"追星星的 AI"的背后不仅是代码和算法，更是一群有温度、有情怀的人，团队成员用心倾听，用技术去实现那些被忽视的需求，用创新去搭建沟通的桥梁，真挚地希望每个孩子都被这个世界温柔以待。

解决路径：产品技术团队前期对 100 个孤独症儿童家庭进行了调研，了解孤独症儿童对 AI 定制绘本的具体需求，并基于专业实践和学术验证原则，在孤独症儿童干预专家的指导下，对 AI 模型进行了针对性的微调和优化，并使用阿里巴巴自研的

Modelscope-Agent 框架，调用通义大模型的多项服务，用孤独症儿童更易接受的画风、文风生成绘本，帮助他们学习各项能力，促进教育机会的均等化。同时，AI 绘本使用门槛低、灵活性高；在父母、老师的深度参与下，定制化的 AI 绘本可以与其他干预方法相结合，成为智慧教学、增加陪伴乐趣的重要工具。

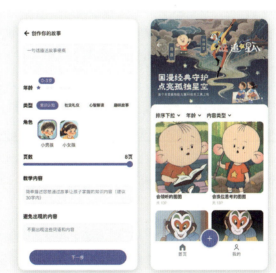

"追星星的 AI"绘本工具使用界面

覆盖人群：产品在通义 App 一经上线，便获得苹果 App Store 和安卓应用市场精选栏目的推荐。截至 2024 年 11 月底，已服务孤独症家庭及特教老师近 20 万人次。

开源共享：目前相关技术框架已在魔搭社区开源，供全社会免费使用。这不仅为特殊教育领域带来了创新解决方案，也希望以此促进技术的共享和协作，鼓励更多开发者和教育机构参与到特殊教育工具的开发和改进中来，共同推动技术进步和教育创新。

多重价值

阿里巴巴集团的"追星星的AI"项目自推出以来，不仅在技术层面取得了突破，更在公益和社会责任领域展现出了多方面的价值。

为孤独症儿童提供教育支持

"追星星的AI"通过技术创新，为孤独症儿童提供了更加多样的学习体验，这不仅有助于他们的个人成长，也为他们的家庭带来了一定的支持。未来，希望通过技术手段为孤独症儿童提供了更加精准和个性化的教育支持，并且免费开发给社会大众使用。

项目团队运用AI技术开发了能够根据孤独症儿童个性化需求定制的AI绘本工具，不仅为特殊教育提供了新的工具，也为教育技术的发展开辟了新方向。

辅助家长更好地陪伴和教育孩子

孤独症儿童的干预教育和社会融入是全社会共同面对的难题。对于家长来说，找到适合孩子的教育方式并不容易。"追星星的AI"不仅提供了丰富的绘本资源，还能够帮助家长更好地理解孩子的需求，从而制定更加有效的教育策略。因此，产品上线后，得到了孤独症家庭的广泛好评。第一，缓解了家长的压力。可以提前设计好绘本，在陪伴孩子的时候不会手忙脚乱。第二，提供了多样化的教学方式。通过寓教于乐，潜移默化地培养孤独症儿童在认知、社交及情感理解等方面的能力。第三，减轻了部分经济压力。这种创新的设计不仅是对传统教学方法的革新，还能在一定程度上减轻家长的经济压力。

> **星宝贝贝的妈妈**：AI绘本产品大大解决了我每天晚上给孩子讲睡前故事的难题，我会在白天生成几个精心设计的小故事，将今天的教学干预内容偷偷地融入故事。不想浪费一点孩子六岁前的黄金干预时间。
>
> **星宝皮皮的妈妈**：我的孩子对生成故事的过程非常感兴趣。经常拉着我一起和他创造故事，听到他创造的故事被播放出来后，非常有成就感，增强了孩子的自信心。同时也帮我创造了一个和孩子亲密玩乐的场景。

引发社会对孤独症儿童群体的关注

项目发布后受到了广泛关注，央媒、科技媒体、公益媒体大量报道、转载。截至目前，"追星星的AI"全网阅读曝光超千万，小红书话题词阅读超200万。这一数字的背后，是教育行业领袖、公益组织、AI 技术爱好者及孤独症儿童的家庭成员和支持者的积极传播和热烈讨论。这种社会影响力的扩散，不仅提升了孤独症儿童群体的可见度，而且激发了公众对特殊教育重要性的深刻认识，引发了社会对孤独症儿童教育需求的深入思考。

项目获奖情况

- 全国无障碍环境建设标志性示范性成果
- 2024 金钥匙年度最佳解决方案
- 入选中国计算机学会发起的 2024 年《CCF 技术公益案例集》
- 受邀参加中国孤独症教育事业成就展
- 阿里巴巴十大科技无障碍行动·无障碍创新卓越奖

未来展望

作为一家开放的科技平台企业，阿里巴巴能够用 AI 与伙伴一起重构千行百业，更有责任用 AI 关照到更多的弱势群体，切实履行企业社会责任。

项目志愿者相信，"人有温度，AI 才有温度"。"追星星的 AI"项目致力于通过技术创新和社区合作，为特殊教育领域带来解决方案。目前，该项目的技术框架已在魔搭社区开源，供全社会免费使用。项目团队已启动小程序研发，希望实现产品在手机、个人电脑（PC）和平板电脑等多平台上线。

同时，"追星星的 AI"项目将优化专属模型，提高故事内容和绘本图像的稳定性，以更好地适应孤独症儿童的认知需求，并引入多样化的角色声音，父亲、母亲等的声音，以激发孩子的好奇心和参与感。此外，该项目还将强化技术开放共享的社区属性，支持更自由的作品交流和分享，鼓励更多开发者和教育机构参与特殊教育工具的开发和改进，共同推动技术进步和教育创新。

三、专家点评

"追星星的 AI"项目体现了科技与特殊教育需求的完美结合。在父母、老师的深度参与下，定制化的 AI 绘本可以与其他干预策略相结合，成为智慧教学、增加陪伴乐趣的重要工具。

——浙江工业大学教授，中国残疾人康复协会应用行为分析专业委员会副主任，

中国残疾人康复协会孤独症康复委员会副秘书长　王永固

作为一名专业的教育工作者，我看到了这个 AI 绘本工具在教学中的潜力。它不仅简化了教学准备过程，而且通过个性化的内容，能够帮助我们更精准地满足每个学生的需求。

——海豚乐乐孤独症干预机构老师　陶焘

通过与阿里巴巴合作，我们看到了技术在改善特殊儿童生活和教育方面的实际应用和巨大潜力。我们特别赞赏项目团队在开发过程中所展现出的创新精神和社会责任感，以及他们对孤独症儿童深切的关怀和支持。

——中国青少年发展基金会阅读中国公益基金发起人　宋一平

（撰写人：张好、李晨亮、徐鑫、周洁琪、施巧嫣）

科技赋能

国网山东省电力公司枣庄供电公司
数智仓储管理实现"手到货来"

一、基本情况

公司简介

国网山东省电力公司枣庄供电公司（以下简称国网枣庄供电公司）致力于推动联合国可持续发展目标落实，聚焦"工业创新、清洁能源、消除贫困"等领域，推动可持续发展目标与企业业务运营管理相结合。探索构建"三全四化"管理推进机制，将社会责任管理成功根植业务运营、职能管理和岗位职责。国网枣庄供电公司先后实施了84个社会责任根植项目典型案例，连续15年编制发布《履责行动书》，先后获得"全国文明单位""全国模范劳动关系和谐企业""全国电力系统最具社会责任感企业""山东省首批履行社会责任达标企业"等荣誉称号。

行动概要

当前电力物资仓储朝着智能化方向加速推进，但在实际应用中，数智仓储管理设备仍存在设备操作头绪多、人工依赖程度大、自动作业风险高等不足。国网枣庄供电公司充分发挥新质生产力的力量，在电力行业中首次将元宇宙技术应用于实时控制，自主开发"元宇宙"数智仓储管理系统，将实体仓库与数字化技术虚实结合，以便随时随地在虚拟空间远程下达指令，精准指挥机器人自动实施作业，实现全感沉浸、全域智控、全链创效。该系统在国网枣庄供电公司检储配一体化基地投入使用，仓库整体运营效率提升了2.35倍，盘点效率提升了 98%，单托物资出入库缩短了 50%，领料时长缩短了 63.4%，人员成本降低了 41.5%，安全生产率实现 100%，以无人化、规范化、智能化、可视化仓库作业实现"手到货来"，引领电力供应链的数字化转型。

作业人员远程虚拟操作

二、案例主体内容

背景／问题

电力物资价值高、使用特殊、采购成本高，属于专用设备和特种设备，具有种类多、需求大、供应时间紧急等特点，其对仓储管理具有较高的要求。传统仓储管理以人工为主，物资清点存在耗时费力、存放不规范、搬运难度大等问题，掣肘电力行业发展。国家电网有限公司提出要积极推动"绿色现代数智供应链"建设，推动电力物资仓储朝着智能化方向加速推进。但在实际应用中，目前传统数智仓储管理设备在操作便捷性、人工依赖性、作业安全性等方面仍存在一些不足，主要表现如下。

一是设备操作头绪多。 传统的数智仓储管理 3.0 系统涉及多个智能设备系统，下发一条指令往往需要复杂的步骤和冗长的编程代码，如完成一台变压器的自动入库任务需要手动创建入库单、组盘、调度桁架机器人、调度堆高式叉车等 12 步，操作耗时耗力。

二是人工依赖程度大。 使用传统的 3.0 数智仓储管理系统，在遇到非标准化物资时，机器人设备难以自动应对，只能通过人工解决；遇到节假日或特殊情况，仓库管理人员不能立即抵达仓库，突发设备调用需求很难得到及时满足。

三是自动作业风险高。 当人工维护设备、收取货物时，传统的 3.0 数智仓储管理系统无法自动感知信息变化。自动化设备只会机械地执行既定指令，容易造成安全隐患，威胁物资安全，特别是人员进入作业区时存在人身安全隐患。

行动方案

国网枣庄供电公司在运用自动化、智能化设备的基础上，首次将元宇宙技术应用于实时控制，自主开发"元宇宙"数智仓储管理系统，将实体仓库与数字化技术相结合，对仓库进行全方位监控，通过远程精准操控，有效解决了传统数智仓储管理系统设备操作烦琐、应急领料不及时、作业风险高等问题，以无人化、规范化、智能化、可视化仓库作业实现"手到货来"。

利用虚拟控制现实，解决了设备操作头绪多的问题

国网枣庄供电公司针对物资仓储管理，在运用大量智能设备、数智化系统的基础上自主开发"元宇宙"数智仓储管理系统，将实体仓库与数字化技术相结合，有效解决智能设备系统多且繁杂的问题，提升了仓储管理的效率和准确性。目前，已在检储配一体化基地建成了国家电网有限公司首个虚拟现实融合数智仓库。

打造"黑灯仓库"模式。 使用机械设备、输送线设备、分拣系统等智能设备，以及仓储管理系统（WMS）、视频监控系统、洛书智能控制系统（WCS）等数智化系统，打造"黑灯仓库"模式，实现运营精益化、作业智能化。例如，为仓储管理决策提供科学依据，集成展示库存相关参数，进行物资周转率、库容使用率、设备作业效率等统计分析，并将采集到的各类数据及实时监控等在现场大屏进行展示，对优化仓库布局、改善仓库作业流程等形成有效的指导，有助于提高仓储物流效率，降低仓储物流成本。

建立与现实一致的虚拟空间。 在"黑灯仓库"模式的基础上，数智仓储管理系统采用数字孪生技术，对仓内实景、人员、设备、货物、库位等要素进行三维重构，建立与现实一致的虚拟空间，使整个仓库的物资和设备可以直观地在虚拟空间中呈现，可以进行任意角度的调整及场景切换，实现设备可视管理、物资可视管理、人员可视管理，操作人员仅需在虚拟空间触碰货架、货物、设备、仪表，即可查看对应信息和数据，实现

作业人员在虚拟空间中用手拖曳移动物资的三空间视图

实时全要素盘点。

人机交互实现虚拟控制现实。数智仓储管理系统运用混合现实技术，开启虚拟控制现实的时空之门。通过 3D 建模将现实场景映射到 MR 眼镜中，实现虚拟控制现实，虚拟映射现实，通过手势，打开展示仓库整体全貌，观看仓库每个位置的信息；操作人员抓取指定设备即可显示控制弹窗，通过手势在虚拟空间中用于轻松地拖曳移动物资，现实世界的机械臂、机器人、智能货架等设备可以即时响应指令，完成出入、入库、移库等各种复杂的作业任务，将操作化繁就简，实现了仓储操作的高效率，提高了准确性。

利用远程随时精准操控，解决了人工依赖程度大的问题

数智仓储管理系统采用远程操控技术，不受时间、场地的限制，远程调动智能设备并自动完成配货出库，大大提高了领料的效率和准确性，避免在紧急情况下依赖人工难以及时领料的问题。

"零等待"高效操作。员工戴上 MR 眼镜，只需通过眼球转动即可识别身份权限，快速进入操作界面。在领料时，通过面部识别技术匹配人脸与领料单，调动自动化设备完成配货出库，实现了大件物资一站式领料、小件物资零等待领料。

"全天候"人机协同。通过 "5G+ 通信"，建立 MR 眼镜与系统之间的无线连接，实现了从 "固话座机" 到 "移动手机" 的技术转变。无论白天黑夜，无论身处何地，操作

人员都可以通过 MR 眼镜远程控制智能设备。例如，在自然灾害情形下容易产生大量物资紧急出入库的任务，操作人员无须到达仓库，通过 MR 眼镜就能远程控制智能设备，减少任务的等待时间，实现物资及时、有序出库，不耽误抢险等的工作进度。

利用全要素监控预警，解决了自动作业风险高的问题

数智仓储管理系统采用多位置、多角度、高精度的摄像机和其他智能传感器等，实现对设备运转、物资储备、人员作业等进行全方位监控，降低自动作业风险，保障物资安全和人员安全。

进行全方位实时监控。 采用多点位、高精度摄像机和智能传感器，实时连接融合视频监控功能，形成对仓库及周边全方位一体式无死角监控。通过人工智能算法，摄像头和传感器采集的信息可以实时传输到系统，通过大脑图像处理、视觉识别、模式识别等技术进行处理，将精确物资盘点情况、设备运转状态、仓储环境状况实时显示在 MR 眼镜中的虚拟信息面板上，实现对仓储环境的实时监控，保障物资安全。

采取周界入侵警报处理。 实时监控机器人的位置、位姿和工作状态，发现问题后进行及时预警提示。第一时间将相应报警位置的视频情况在仓储智能化管理平台上弹出显示。当有人员进入作业区域时，采用周界入侵技术，系统可以立即发出警报，确保作业环境的安全。针对非标物资等人工接管情况，高清监控器和设备传感器会将机器人的位

自动叉车作业时遇到碰货风险

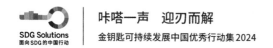
置、位姿，及机械臂的朝向、走向等信息实时上传，通过机器学习精准预判下一步的走向和动作，有效避免人工与自动化协同带来的安全风险。

多重价值

提高仓储管理的效率和效益

基于"元宇宙"技术的数智仓储管理解决方案的投入使用，使仓库整体运营效率提升2.35倍，盘点效率提升98%，单托物资的出入库缩短50%，领料时长缩短63.4%。通过智能化监控和预警系统，减少了设备被损坏的可能性，延长设备使用寿命。同时，减少了人工的工作量，节约了仓储管理人力资源投入，降低人员成本41.5%。

保障物资和人员安全，能耗降低

通过"元宇宙"数智仓储管理，第一时间进行设备故障提示，避免工作区出现潜在危险，以及因设备损坏造成更大的经济损失；无人操作配合人员远程控制从根本上确保物资和人员安全。据国网枣庄供电公司统计，自运行"元宇宙"数智仓储管理系统以来，安全生产率达到了100%。此外，通过智能化控制，优化了能源利用效率，减少了仓库的能耗成本。

引领供应链行业数字化转型

目前，数智仓储基地建设标准已被国家电网有限公司采纳，仅需10万元、10个工作日即可完成项目复制。目前数智仓储管理系统已在国网德州供电公司等单位完成推广，引领了新型仓储管理生态，为仓储物流行业提供了新的发展方向，对未来行业进步奠定了技术基础，有助于推动电力行业仓储管理的数字化、智能化发展。

助力扩大公司品牌影响力

作为国网枣庄供电公司重大原创成果，"元宇宙"数智仓储管理方案是国家电网有限公司首个虚拟现实融合数智仓库，已获得3项发明专利授权，并受邀在科技部主办的创新成果大会上发布，同时参展2024年北京科技活动周，获得中央电视台新闻客户端、《国家电网报》等多家权威媒体报道，全方位展示了国网枣庄供电公司在绿色现代数智供应链方面的发展成效，营造了良好的舆论氛围，彰显了公司创新、领先、率先的企业形象。

未来展望

国网枣庄供电公司针对"元宇宙"数智仓储管理系统的推广复制提供了四种商业合作模式，批量复制仅需 10 万元，还可量身定制，满足多种需求。目前，国网枣庄供电公司正在积极推进"元宇宙"数智仓储管理系统在国网电商平台上线，未来将继续推动该系统在医疗行业等更大范围的应用，为降低全社会物流成本作出应有贡献，同时形成可复制可推广的典型经验，打造"枣庄样板"。

三、专家点评

"元宇宙"数智仓储管理系统运用了国内外先进的元宇宙技术，整合人工智能、物联网感知、5G 通信和区块链等技术，实现操作者在虚拟空间中操作即可指挥现实世界中各类机器协同配合完成复杂的作业任务，助力智慧仓储管理远程、可视化运营。

——国家电网有限公司物资管理部 王延海

（撰写人：曹凯、吕显斌、郭强、齐洁莹、张煜）

科技赋能

北京博大网信股份有限公司
工业研发云助力企业数字化转型

一、基本情况

公司简介

数字化转型离不开新型基础设施的支撑。北京博大网信股份有限公司（以下简称博大网信）作为北京经济技术开发区新一代云网互联服务商，凭借互联网接入、虚拟网传输、企业研发上云、大数据、人工智能、高性能计算等多方面的成熟技术和成功案例，推动互联网和实体经济深度融合，驱动产业技术体系快速迭代和优化升级，加速向数字化、网络化、智能化发展，在智慧城市基础设施建设运营管理、智能化建设解决方案实现、电信增值服务等领域打造了业内领先的示范项目。

博大网信将深入实践中国特色的 ESG 体系，将 ESG 注重发挥科技创新、产业控制、安全支撑"三个作用"与公司战略深度融入，更好地平衡经济效益、社会福祉和环境保护之间的关系，不断提升自身的 ESG 表现，为可持续发展贡献力量。为了响应国家发展战略、推动可持续发展的号召，博大网信将持续发挥自身技术优势与资源优势，在践行"双碳"目标、助力中小企业发展、推动智慧城市建设等方面发挥积极作用。

行动概要

博大网信作为一家具有社会责任感和可持续发展意识的企业，长期坚持践行 ESG 理念。深知算力中心和工业软件是数字经济的重要基础设施和支撑工具，而算力和工业软件在运行过程中存在投入成本高和资源优化配置低的情况，影响相关产业的创新和升级。

博大网信通过创新订阅式的服务模式、模块化的配置方式以及强大的计算能力，同时结合国内外主流工业设计软件，让企业能够在研发领域"轻装上阵"。为 50 家以上企业提供了工业设计软件测试和试用、培训和教学等软件服务，同时为 90 家以上园区客户提供了专业的算力服务、软件许可订阅服务、专有云存储订阅服务、互联网专线接入服务、虚拟网传输服务等。帮助企业降低硬件采购成本、IT 运维成本、数据安全管理成本、业务流程成本达 30% 以上。

二、案例主体内容

背景 / 问题

工业企业的生产链条包括技术研究、产品设计、试制和批生产四个重要环节，研发中心一直以来承担着产品研发设计、仿真模拟分析等科研计算工作。传统工业客户主要依赖个人工作站和集中式共享式服务器来组织计算机辅助设计（CAD）、计算机辅助工程（CAE）建模和仿真计算工作，工程师在这样的离散式科研、计算工作场景下，数据是分散存放并各自负责的，IT 资源是个人使用和维护的。

从工业企业的研发投入角度来看，随着工业企业的设计研发和计算任务的不断增加、越来越复杂，工作站设备越来越多，获取更高计算性能的代价也越来越大，新产品研发容易遭遇困境。同时，用作计算的存储既要速度快，又要容量大，这在工作站上很难兼顾。

为解决前沿尖端工业软件研发面临的"卡脖子"瓶颈，高新产业对 CAD、CAE 及超级计算的投资成本增长，同时，为解决研发的多地协同性、性价比及高效及时性、设计软件合规性、存储及算力维护和升级等问题，博大网信秉承软件资源化、平台场景化和算力云端化的创新思路，构建面向 CAD、CAE 一体化研发环境，以及数据安全管理的研发云计算仿真平台——工业云平台，助力企业突破研发瓶颈，释放无限可能。

行动方案

自 2021 年起，博大网信以用户场景为中心，广泛评估和筛选国内外研发工业软件服务商，与供应商建立紧密的合作关系，优化研发软件的使用成本，依托博大网信云网互联优势与优质软件服务提供商，共同构建工业研发设计领域的 SaaS（Software as a Service, 软件即服务）服务生态。

博大网信推出的工业研发云平台提供的服务内容包含云端工作站设计环境、云端算力仿真环境、云端存储网盘存储能力、云端正版工业软件应用服务、互联网专线接入和

云桌面
BDPC

区块链网盘
BDDisk

云应用
BDApp
（达索系统）

软件管理
BDRouter

研发管理
BDBoard

工业研发云平台产品服务能力

性能监控
BDMonitor

行为监控
BDAction

超算中心
BDCluster

专线传输
BDnetwork

数据中心
BD IDC

虚拟网传输。六种服务内容主要面向具有核心研发能力的工业用户的研发中心工程师和具有办公及传输需求的中小企业，为工程师提供工业设计与仿真模拟工作中的关键技术、算力、图形力和正版工业软件环境，为企业核心研发降本增效；安全稳定的互联网专线接入和传输为企业上云研发奠定了坚实的基础。高稳定、低频率、大体积的数据集中化存储，为研发数据提供更高级别的安全保障，通过提供能稳定运行的全核高主频模式和池化 GPU 算力的高性能研发桌面，让研发人员使用体验达到极致。

创新服务：多项核心技术让研发上云更具竞争力

全核高主频

针对设计仿真这一工业细分领域，博大网信为客户提供专业定制级服务器，该服务器的主要优势为"能稳定运行的全核高主频模式"，让工业设计与仿真软件"跑得更快"，目前最高支持主频为 5.5Ghz。为了达到这一效果，博大网信从机框设计、主板设计、散热系统设计及针对不同场的软硬件系统调校等方面进行了大量的优化升级，让企业研发效果更为显著。

显卡共享技术

在为用户提供超高性能设备的前提下，另一个主要方向是降低用户的图形处理器（GPU）桌面成本，博大网信在 GPU 显卡及操作系统上进行了大量的驱动对接开发，实现了显卡共享技术，业界实现 GPU 云桌面主要采用 VGPU 技术，该技术根据桌面个数对 GPU 显存进行等分，同时还要采购 VGPU 授权，可以说是不仅增加了成本，GPU 性能也大打折扣；而博大网信的显卡共享技术，不采用 VGPU 模式，省去了授权费用，同时实现了显卡的共享占用，所有的 GPU 云工作站都可以瞬时利用整张显卡能力，GPU 性能大大提升，同时也为用户降低了 GPU 桌面成本。

远程显示技术

工业研发云平台开发远程显示技术，解决 CAD、CAE 软件远程使用的卡顿问题。通过在操作系统上构建应用程序远程发布技术，在原有系统协议之上增加私有控制信道，优化远程应用在低速网络下的使用体验，这一系列技术解决了即使将 CAD、CAE 软件安装在远程数据中心，也能够保障用户在使用廉价终端时通过网络稳定使用远程应用并利用服务器 GPU 渲染和计算能力，同时保障软件的流畅性，让设计仿真软件的 SaaS 化使用成为可能，让用户做到随处可用、随时可用，降低了用户的终端拥有成本和使用成本。原来用户需花费 2 万元买的工作站，目前只需要购买一台 1000 元的电脑就可以通过远程享受高性能的绘图和计算体验。

创造价值：解决用户"卡脖子"难题，满足多元需求

降低建设和拥有成本，满足企业弹性扩张需求

工业研发云平台用户可以通过资源租赁方式使用设计仿真云平台中的资源，从设计资源到仿真资源、从云桌面租赁到 SaaS 软件租赁，能够满足研发用户所有的资源需求，企业不再需要进行大规模基础资源投资建设，并且通过便宜的终端设备就能够享受原来大几万元设备带来的计算和显示性能。在企业弹性扩张层面，企业可以根据人员规模、使用时长、软件种类及计算资源配置的需求申请使用资源。

工业研发云平台的价值

解决本地终端计算能力与业务需求不匹配问题

企业的业务需求是不断变化的，研发模型数量也根据产品的复杂度与日俱增，然而一成不变的终端电脑无法满足日益复杂的模型需求。企业利用博大网信的工业研发云平台可以根据模型需求进行弹性资源租赁，有效解决了本地终端计算能力与业务需求不匹配问题。

降低 IT 管理压力，缩短部署时间，快速构建研发环境

在传统的研发环境管理中，面对大量的研发人员终端，IT 维护压力将是巨大的，软件版本错乱复杂、用户环境各异、用户终端问题频出、统一管理困难、跟着问题跑、交付时间长、技术要求高等都是研发环境管理中遇到的现实问题。工业研发云平台通过使用设计仿真云将IT管理问题极大简化，所有的设备运维都交给云端系统；在交付体验上，用户可以分钟级进行资源的申请和使用，能够根据业务需求快速构建研发环境。

提升研发工作灵活度，研发环境随时随地可用

工业研发云平台得益于云环境的支持，企业研发工程师不再需要"搬着工作站跑"，只需要拿到一个普通终端，通过互联网或者企业VPN就能够随时随地进行研发工作，不再依赖于固定的研发环境，居家、办公、出差都能够随时访问自己的研发环境及研发数据。

统一企业研发数据管理，保障研发数据安全

在企业研发数据管理上，传统研发模式会面临数据分散、数据缺乏安全管控等问题，通过采用工业研发云平台，为用户提供了基于区块链加密技术的分布式网盘，让用户在使用远程应用的同时，潜移默化地将数据保存于网盘之内，同时配合上网盘审批与管控能力，数据集中管理与安全控制就迎刃而解了。

多重价值

带动企业一起绿色减排

博大网信的数据中心采用先进的节能技术和设备，使用的服务器采用液体冷却技术，在保持服务器高效运行的同时，还可以提升整体性能，节能降耗，有助于降低碳排放，实现企业的环境可持续发展目标。

助力企业数字化转型提速

研发上云降低了研发门槛和成本，工业研发云平台提供了丰富的计算资源和软件工具，能够使研发项目更快地完成，促使研发成果快速推向社会，提高产品和服务的质量和竞争力，提升企业数字化水平，适应数字化转型与社会经济发展需求。

新模式下的智慧成本管控

研发上云可以将硬件采购、维护、升级等成本转化为云服务的订阅费用。企业可以根据研发项目的预算和进度，灵活调整云服务的使用规模和费用支出。这种成本结构的优化有助于企业更好地管理财务风险，将资金集中投入核心的研发业务。

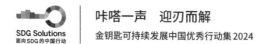
外部评价

北京经济技术开发区某大型半导体企业：公司研发人员有 1000 多人，工作涉及设计与仿真等多个环节，研发环境问题有软件授权严重不足、工程师经常长时间等待许可、高性能算力不足，无法应对项目高峰期对资源的弹性需求，工程师终端差异，无法为项目快速交付合适的资源与应用，运维难度大，版本、系统错综复杂，疲于奔命于楼宇间。针对大规模全正版化的按需使用的需求，为客户推出园区云订阅的解决方案，提供定制化的算力租赁服务，用户通过互联网专线进行资源访问，满足用户对算力的需求，通过提供软件授权租赁的方式实现了 100% 用户的授权使用，将资源的交付与回收标准化、流程化，降低了 IT 部门的运维难度，缩减项目整体实施周期 1 个月。

用户收益评价：降低公司在正版软件上的投入，通过软件许可按需订阅模式，降低用户在正版许可上的投入，同时提升用户正版化占比。整体降低了企业硬件拥有成本，大大降低了企业运维成本，7×24 小时的运维支持服务，降低了企业 IT 部门的运维压力。

国内某大型新能源汽车制造企业：客户研发环境是目前服务器的性能无法满足客户对仿真结果时间的要求，而且有时多个项目并发，仿真结果计算时间大大延长，天线仿真主要采用 CST 仿真软件，该软件买断或者租赁成本过高，短期无法收回成本，并且使用频度未知、针对每一次项目设计，根据不同的规模及精度要求，需要的服务器数量及配置都有差异，很难通过一次采购满足所有项目。针对以上情况，向客户提供园区云加公有云订阅模式的解决方案，园区云以按月订阅的方式向用户提供算力集群与 CST 软件许可服务，北京 BD-Cloud 分公司以专线链路方式访问服务资源，集团分公司通过互联网方式访问，在提升效率的同时降低了项目启动成本，仅用一周就交付使用。

用户收益评价：通过园区云租赁模式，实现快速部署应用，为企业用户按需提供硬件支持，无须企业大批量采购，降低了企业的前期采购成本。同时，也大大降低了企业的运维成本。

未来展望

当前，数字经济发展迎来重要的战略机遇期，数字基础设施是数字经济发展的重要支撑。未来，随着产业数字化的加速推进，博大网信将秉持创新驱动理念，致力于为北京经济技术开发区高新企业提供更好的技术、更强的服务产品，以技术为支撑，以运营为主业，以服务为市场拓展抓手，围绕《中华人民共和国国民经济和社会发展第十四个五年规划和 2035 年远景目标纲要》《"十四五"数字经济发展规划》持续加大研发投入力度，积极探索前沿技术，不断优化产品与服务，为企业提供丰富多元的解决方案。同时，博大网信将着力打造卓越的客户体验，借助数字化手段实现服务的个性化与高效化，强化人才团队建设，吸引并培育行业精英，积极履行社会责任，构建可持续发展模式，并与合作伙伴携手共进，打造开放共赢的产业生态，向着成为行业领军者的目标奋勇前行，为可持续发展贡献智慧与力量。

三、专家点评

在数字时代，各行各业加速数字化转型是必然趋势，是新时代企业提升市场竞争力的内在需求。北京博大网信股份有限公司精准聚焦当下企业在工业设计领域面临的研发难题，发挥技术优势为企业提供高效的解决方案，助力企业降本增效，提升企业的研发能力和创新能力，得到了用户的高度好评。由此可见，企业只要从解决问题出发，就有可能创造出独特的价值，赢得市场和客户的认可，成为贡献社会可持续发展的积极力量。

——中国企业联合会管理现代化工作委员会专家、责扬天下联席总裁 管竹笋

（撰写人：关皓匀、孙园）

国网山东省电力公司电力科学研究院
STATE GRID SHANDONG ELECTRIC POWER RESEARCH INSTITUTE

国家电网
STATE GRID
国网济南供电公司
STATE GRID JINAN POWER SUPPLY COMPANY

礼遇自然

国网山东省电力公司电力科学研究院、
国网山东省电力公司济南供电公司

生态红线"一张图"
让电网与生态和谐共存

一、基本情况

公司简介

国网山东省电力公司电力科学研究院（以下简称国网山东电科院）的前身系 1954 年 12 月成立的鲁中电业局中心试验所，多年来始终坚守"党建统领、支撑为本、创新为魂、望岳登高"的工作理念，坚持"一个统领、七大支撑、两大服务、一个创新"的工作主线，打造了一批行业领先的实验研发平台，创出了一批国际领先的硬核成果，培育了一支国家级高端人才队伍，实现了源网荷储全链条技术支撑引领，为能源低碳转型与经济社会发展提供了坚强的人才和技术保障。国网山东电科院现有博士 90 人、硕士 263 人，硕士及以上学历员工占员工总数的 70.0%，建有山东省电力公司院士工作站、博士后科研工作站、校企联合培养站、优秀人才流动站，逐步形成了以首席专家为引领、以专业首席工程师为骨干、以专业工程师为基础、以青年人才为后备的专业人才梯队，人才当量密度为 1.35。近年来，国网山东电科院深入贯彻黄河流域生态保护和高质量发展及"碳达峰、碳中和"战略，全面推动构建"黄河三角洲绿色生态电力系统"，推动绿色低碳发展，助力山东实现"碳达峰、碳中和"。国网山东电科院积极落实全面推进美丽中国建设战略，创新构建电网与生态红线"一张图"，为实现输电线路线与生态和

可持续发展
目标

谐作出了重要贡献。

行动概要

我国划定陆域生态保护红线面积约 304 万平方千米，占陆域国土面积的比例超过了 30%。生态保护红线是具有特殊重要生态功能、必须强制性严格保护的区域，是保障国家和区域生态安全的生命线。然而作为重大民生项目的电网工程，遍布于祖国大地之上，与生态保护红线交织在一起，电网工程的建设可能会给脆弱和敏感的生态保护红线带来影响。为最大限度降低输电线路施工对生态保护红线的影响，国网山东电科院提出了"优先避让、路径优化、过程管控"的思路，利用卫星遥感和地理信息技术建立生态红线"一张图"。基于 3S 技术智能识别生态红线并实现输电线路规划的"避让"，创新利用双侧缓冲区分段解算重构模型实现最优"路径"推荐，通过构建施工行为数字化分析模块智能鉴别绿色化和规范化"施工"，实现线路对生态保护红线主动避让、最短距离跨越和最小扰动，将生态保护融入电网建设，彰显中央企业的责任和担当，为建设"天蓝、地绿、水清"的美丽中国贡献国网力量。

二、案例主体内容

背景 / 问题

我国经济社会逐步进入绿色化、低碳化的高质量发展阶段，但生态文明建设仍处于压力叠加、负重前行的关键期。在这个时点上，将生态功能极重要、生态极脆弱及具有重要生态价值的区域划入生态保护红线，有助于建设高品质生态环境，推进我国经济社会的高质量发展。党的二十大以来，生态文明建设上升为国家战略。为了更好保护生态环境，我国划定生态保护红线面积合计约 319 万平方千米，其中陆域生态保护红线面积约 304 万平方千米，占陆域国土面积的比例超过了 30%，涵盖我国全部 35 个生物多样性保护优先区域，90% 以上的典型生态系统类型。生态保护红线的划定和实施，使生态保护形势日益严峻。

随着我国经济的快速发展，我国电网规模不断增长，截至 2023 年底，全国 35 千伏及以上的输电线路总长度达到 242.5 万千米，是欧洲、美国电网规模的数倍。输变电工程在建设过程中，势必会面临穿越生态保护红线区的情况，一旦出现穿越，极有可能会对保护红线产生不可控影响，严重时可能会出现生态破坏、水土流失等问题。

生态保护红线和输变电工程发展建设之间存在矛盾，而化解矛盾的关键在于找到并解决其间的症结。第一，工程如何避让生态保护红线；第二，在工程避无可避时，如何最优跨越；第三，在跨越施工中，如何做到对生态保护红线产生的影响最小。解决这三个问题，基本可以实现输电线路工程对生态保护红线的可控扰动，甚至真正做到零扰动。

行动方案

国网山东电科院秉承"党建统领、支撑为本、创新为魂、望岳登高"发展理念，根据生态保护红线的实际保护需求，结合电网建设的特点和难点，创新提出"优先避让、路径优化、过程管控"的保护思路，成功解决工程如何避让生态保护红线、如何最优跨越、如何做到对生态保护红线产生影响最小这三个问题，化解生态保护红线和输变电工程发展建设之间的矛盾。

国网山东电科院依托环保水保实验室，利用人才优势，基于山东电网生态保护信息化平台和电网地理信息系统，开发构建生态红线"一张图"生态监督系统，实现"数字化"优先避让、"智能化"优化路径、"可视化"过程管控的电网建设。

"数字化"优先避让。基于 3S 技术和机器学习，依托电网地理信息系统和生态保护红线信息系统，综合社会、经济、生态等多维因素，开发输变电工程选址选线数字化平台，可对生态保护红线进行分类识别，且识别生态保护红线边界至 1 米精度。并智能探

生态红线保护区边缘智能识别

索避让方案，实现路径优化辅助决策，最大可能地对生态保护红线进行避让。

"智能化"优化路径。构建双侧缓冲区分段解算重构模型，开发线路跨越选线平台，根据生态保护红线矢量数据，智能识别生态保护红线核心区和一般控制区，在避让核心区的前提下，综合考虑跨越距离、跨越高度、生态类型等因素，推荐最优路径方案，最大限度降低工程对生态保护红线区的影响。

"可视化"过程管控。基于矩阵比对算法，构建施工行为数字化分析模块，将施工过程中各种施工行为转换为数据，与绿色化施工数据库进行比对，智能鉴别施工是否绿色、行为是否规范，并及时预警和通知，确保工程不对生态保护红线区造成破坏。

多重价值

经济价值

生态红线"一张图"生态监督系统项目利用智能识别和路径优化技术，科学规划输电线路路径，智能管理电网决策，选择最优路径避让生态红线保护区。目前，生态红线"一张图"生态监督系统项目已服务于崮山输变电工程等 193 项工程，累计优化架空输电线路 1136 千米。按照环保咨询费 10 万元 / 项，生态补偿平均 90 万元 / 项计算，因避让生态保护红线区而节支的环保咨询费和生态补偿费约为 1.9 亿元。

国网德州市供电公司依托生态红线"一张图"生态监督系统对 220 千伏华侨线和华苗线输电线路进行应用，成功识别出徒骇河湿地公园和东方朔故里省级森林公园两处生态保护红线区，并进行路径优化对生态保护红线避让，节省生态论证、环评等环保咨询费 11.2 万元，拟定路径比原路径缩短 3.6 千米，节省项目成本约 82 万元，累计节省成本约 93.2 万元。

环境价值

生态红线"一张图"生态监督系统项目通过实时监测和预警，精准保护生态保护红线区域内的生态环境，优化输变电工程施工方式降低项目对生态环境的破坏。目前，生态红线"一张图"生态监督系统项目已为输变电工程累计避让生态保护红线 352 处，减少树木砍伐约 17.5 公顷; 施工过程中的"可视化"过程管控系统，监督生态修复约 40 公顷，有效降低了工程对生态保护红线区的影响。

崮山输变电工程采用生态红线"一张图"生态监督系统对线路路径进行识别，成功识别东平东部丘陵生物多样性维护生态保护红线区和汶上生物多样性维护、水源涵养生

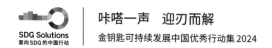
态保护红线区，智能优化输电线路，成功对生态保护红线区进行避让，减少红线区树木砍伐约 0.8 公顷。

社会价值

生态红线"一张图"生态监督系统项目的成功应用和积极推广，展现了公司的绿色发展理念，坚持在保护中发展、在发展中保护，由传统被动保护转变为将环境保护主动融入电网发展全过程，找到电网发展与生态环境保护之间的和谐之路，主动担当，自觉践行生态文明思想，彰显中央企业的责任与担当。

未来展望

下一步，国网山东电科院将继续开展生态红线"一张图"生态监督系统的升级和优化，侧重于地域特点，拓展系统识别生态保护目标类型。目前，该系统已完成山东省饮用水水源保护区、风景名胜区、功能性林区等生态保护目标数据收集，按照工作计划将开展数据进行矢量化、系统导入和精度验证等工作，全面实现电网建设与生态保护和谐发展。

同时，国网山东电科院也将加大力度、协同社会各方打造生态红线"一张图"多维度合作平台，开创数据共享、成果共用、相互协作、相互监督的新形态，形成辐射带向山东省周边地区进行推广和应用，协助解决工程施工与生态保护的矛盾，促进经济和生态的和谐发展。

随着生态红线"一张图"生态监督系统逐步推广应用，工程将不会误入生态保护红线区，更不会因施工建设对生态保护红线区产生不可逆的损伤，工程建设和生态保护相辅相成，和谐发展，稳步向前。

三、专家点评

生态红线"一张图"生态监督系统的相关技术能够快速识别生态保护红线区，实现了环境敏感区影响的实时监控，降低了电网项目破坏环境的风险，对建设环境友好型电网、促进国家生态文明建设具有重要意义，期待生态红线"一张图"在更多工程领域为生态环境保驾护航。

山东省生态环境监测中心专家评价生态红线"一张图"生态监督系统的相关技术，可准确快速识别输变电工程周边生态保护红线区，并能够监控工程环保措施精确落实，多维度、全方位对施工现场进行监督，使电网环境保护工作朝智能化方向发展，实现对输变电工程前期设计和基础施工过程环境保护的管控，降低了工程破坏环境的风险。

——山东省生态环境厅环境影响评价专家

（撰写人：崔相宇、郑珊珊、尹建光、李超、邵东亮、魏清泉）

礼遇自然

国网宁夏电力有限公司吴忠供电公司
以护代驱，
绘就黄河上游鸟电和谐画卷

一、基本情况

公司简介

国网宁夏电力有限公司吴忠供电公司（以下简称国网吴忠供电公司）是国家电网有限公司所属大型供电企业，主要从事宁夏吴忠地区电网的建设、运行、管理和经营工作，致力于为吴忠市经济社会发展提供充足、稳定的电力供应和优质、高效的服务。国网吴忠供电公司为吴忠市辖区四个县（市、区）1.11 万平方千米、78.92 万电力客户提供可靠的电能供应。截至 2024 年 10 月，吴忠公司新能源装机容量 1296.38 万千瓦，储能装机总容量为 165 万千瓦 /330 万千瓦·时。

行动概要

塞上江南，黄河之滨，宁夏吴忠地区是重要的生态走廊。面对黄河上游地区生态环境日益改善，鸟类种群特别是迁徙候鸟数量显著增加的现状，国网吴忠供电公司积极响应国家生态文明建设号召，秉持"金钥匙——大道至简"理念，创新提出"以护代驱 爱鸟护线"行动策略，以"智、研、融、创"为思路应对现实挑战，通过绘就黄河上游鸟电和谐新画卷，将生态保护融入电网规划与运维之中，利用科学设置防护设施、优化电网运行策略、加强生态修复与建设等方式，主动为鸟类提供安全的栖息环境，减少鸟类与电网的冲突，有效平衡了电力供应与鸟类保护的需求，旨在构建一个人与自然和谐共生的电力发展新模式。

智慧调查，协同鸟类专家科学关联鸟类活动，建立信息智库。

探索研究，安装友好型护鸟装置，打造鸟类安全栖息空间。

双融双促，成立志愿服务队，融合社会多方力量履责践诺。

创新驱动，成功研发绝缘引流线，真正实现由驱到护。

二、案例主体内容

背景／问题

鸟类栖息与电网安全的双重挑战

黄河上游地区作为重要的生态走廊，近年来吸引了众多鸟类在此栖息繁衍，其中包括多种珍稀候鸟及留鸟，国网吴忠供电公司的输电线路正好穿越这一生态敏感区域。然而，随着鸟类活动的日益频繁，尤其是部分鸟类如喜鹊、红隼等选择在高压输电塔上筑巢，给电网安全带来了严峻挑战。鸟巢的构建材料如树枝等易引发线路短路，鸟类的排泄物则可能腐蚀绝缘子，导致线路放电和跳闸，不仅影响电网的稳定运行，也对鸟类的生命安全构成威胁。据统计，近年来因鸟类活动导致的电网故障事件频发，急需采取有效措施加以解决。

缺乏系统性保护机制与多方协同

面对鸟类保护与电网安全的双重需求，国网吴忠供电公司虽已开展了一系列护鸟行动，但尚未形成一套成熟、系统的保护机制。针对黄河上游地区鸟类习性的深入研究相对不足，缺乏科学指导下的精准保护措施。同时，保护工作的推进也面临着跨部门、跨领域合作的难题，需要政府、环保组织、科研机构及社会公众等多方力量的共同参与和协同努力。此外，随着生态环境的持续改善和鸟类种群的增加，如何平衡鸟类保护与电网发展的关系，实现和谐共生，成为亟待解决的重要课题。

行动方案

针对鸟类保护与电网安全的双重挑战，国网吴忠供电公司围绕"以护代驱"的核心理念，联合政府、环保组织、科研机构及社会公众等多方力量，通过科学规划、技术创新、社会动员等多元手段，多措并举解决鸟电难题，绘就了黄河上游鸟电和谐画卷。

转变策略，实施"以护代驱"

面对鸟类活动对电网安全的潜在威胁，吴忠公司摒弃传统驱鸟方式，转而采取"以护代驱"策略。通过深入研究黄河上游地区鸟类的生活习性和迁徙规律，制订科学合理的保护方案，既能保障电网安全，又能促进鸟类生存环境的优化。

鸟情观测，形成信息分析智库

结合线路巡视，在青铜峡鸟岛、利通区钣金钣台线、红寺堡鲁买线等区域农田段线路与季节性河流等重点区域走访沿线居民，收集线路周边鸟类种类、迁徙路径等资料，形成鸟类活动信息库。基于数据的智能分析，及时调整防鸟策略，针对鸟类活动频繁的线路，利用无人机、视频远程监控系统、会感应拍照的红外摄像机等高科技手段，对鸟类活动进行实时监测远程观测，辅助确定防鸟装置安装位置。

装置安装，建立先进防护系统

安装智能防护装置，采用非伤害性、智能化的防护设备，如超声波驱鸟器、光感驱鸟装置等，减少鸟类在输电塔上停留和筑巢。其中，雨伞式防鸟刺装置安装后呈撑开伞

220 千伏贺顶甲线 #30 防鸟设施组合安装效果

状，鸟类站立后容易打晃；刺针分两层，上层长，下层短，长刺针可有效覆盖防护范围，短刺针可有效封堵长刺针下方空隙，更容易实现对横担处的"占位"，防止小型鸟类在横担处停留。

多措并举，完善保护机制

以"以护代驱"为工作原则，通过维护栖息环境、监测鸟类活动、建立救助机制，以及绝缘线路研制等措施，不断完善保护机制，拓宽保护范围。

绝缘线路创制

110千伏转角塔跳线串因鸟类活动导致了线路故障问题，在攻克过程中国网吴忠公司成立了由技术骨干组成的技术攻关小组，联合科研人员，创新研制出绝缘引流线并在宁夏电网首次应用，将护鸟防跳工作由传统的驱鸟防鸟向引鸟护鸟转变，实现了护鸟防跳工作智能化、生态化。该绝缘引流的应用极大地方便了人员塔上作业，降低了检修、巡视频次，且满足雨、雪、污秽等工况环境。

绝缘引流线装置

技术标准编制

以填补防鸟害薄弱点为目标，通过"仿真、模拟试验、现场应用"多种方式结合，优化10余类防鸟装置技术参数，明确制造、安装等环节标准，配合国网宁夏电力设备部编制中国电机工程学会团体标准《架空输电线路防鸟装置安装及验收规范》和国家电网公司企业标准《架空输电线路防鸟装置技术规范》，同时，配合国网宁夏有限公司完成《西北地区涉鸟故障分析及防鸟装置应用》一书的编制和审查。

多方联合，扩大社会影响

积极引入社会责任理念，联合当地政府、环保组织、主流媒体等多方力量共同推动护鸟行动，不但能协调资源，还能扩大护鸟活动的社会影响力，保障项目的可持续性。

示范典型申报

联合地方政府、环保组织等，向国家相关部门申报黄河上游地区为"鸟类保护示范区"，提升区域保护级别。2024 年 4 月，邀请山水自然保护中心的科研人员来国网吴忠供电公司开展架空输电线路与鸟类活动关联度调研工作。对 11 余条线路涉及 12 余处鸟类重要栖息地与迁徙通道的区段进行记录，为"爱鸟护线"的路线落实提供依据。

山水自然保护中心的科研人员调研

媒体联动合作

利用电视、网络、报纸等媒体平台，广泛宣传护鸟行动的意义和成效，吸引更多的社会关注和支持。2024 年 5~8 月，邀请新华社、《宁夏日报》、宁夏电视台等 7 家社会主流媒体，调研公司 110 千伏利嘉线爱鸟护线示范线路，开展媒体联动活动。其间对吴忠供电公司试点打造的"以护代驱"生态护鸟项目成效进行了采访。

活动丰富，根植保护理念

通过志愿活动、科普讲座、班组学习、娱乐活动、文创推广及基金设立等多样化的活动形式，引导社会公众积极参与生态保护。

志愿活动开展

招募志愿者参与护鸟行动，通过巡护、宣传等方式，为鸟类保护贡献力量。国网吴忠供电公司精心策划并全面启动了"绿翼守护者"等志愿服务活动，常态化开展生物保护活动，为鸟类保护事业添砖加瓦。同时，组织"护线爱鸟"青年志愿服务队深入红寺堡团结村小学、团结村村委会开展鸟类保护科普讲座，通过课堂讲解、互动问答等形式，增强青少年的生态保护意识。

知识科普宣贯

在分析近年来因鸟类活动引发的故障案例的基础上，结合地区生态环境，精心编制了《吴忠地区架空输电线路防鸟害工作手册》，内容包括多种防鸟害技术和方法，旨在为一线班组提供全面、实用的指导；为确保手册内容的有效传达与学习，对国网吴忠供电公司一线班组进行了系统的学习教育，使一线人员能够全面掌握防鸟害工作的知识和技能，提高应对鸟害问题的能力和水平。

多重价值

安全与生态的双重保障

国网吴忠供电公司实施的"以护代驱"策略在黄河上游地区成效显著。2024 年，通过增设智能防护装置和引入生态友好设计，鸟类活动电网故障率较往年下降了 1/3。同时，因采取了精细化保护措施，如建立鸟类观察站、安装防护网和引导鸟巢，使部分珍稀鸟类种群数量增加。此外，项目的成功还激发了公众对生物多样性保护的关注，形成了政府、企业和公众共同参与的良好氛围，在生物多样性保护方面树立了典范。

经济社会效益全面提升

自"护线爱鸟"行动实施以来，已建成宁夏首条 110 千伏生态护鸟示范线路，实现了零跳闸，节省防鸟费用 120 万元，救助鸟类 158 只；绝缘引流线上架国网电商平台推广，成果转化产值达 300 万元。同时，国网吴忠供电公司联合地方政府和旅游部门打造生态旅游产品，吸引了大量游客，促进了当地旅游业发展和经济增长。此外，项目的成功还提升了国家电网公司的品牌形象和社会影响力，实现了经济效益与社会效益的有机结合。

未来展望

在行动过程中，不仅有效减少了鸟类与电网之间的冲突，还成功实现了电力供应稳定与生物保护的双重目标，展现了吴忠公司在电力发展与生态保护之间寻求平衡点的智慧与决心。未来，国网吴忠供电公司将加大绝缘引流线安装推广力度，加深与鸟类专家、环境保护单位的合作，探索更多可持续发展解决方案，共绘黄河上游鸟电和谐画卷，为国家生态文明建设贡献国网力量。

三、专家点评

国网吴忠供电公司"以护代驱"项目的实施，是对绿色发展理念的一次深入实践，通过坚持生态优先、绿色发展的原则，将生态保护与电网建设有机结合，探索出了一条可持续发展的新路径。通过技术创新和管理创新，在保障电网安全的同时，也促进了生态环境的改善和生物多样性的保护，为构建人与自然和谐共生的美丽中国贡献了力量。此外，项目的成功经验还将为其他地区的电网建设和生态保护提供有益的借鉴和参考，推动全国范围内绿色发展理念的广泛传播和深入实践。

——山水自然保护中心科研人员 张宸瑜

（撰写人：何锐、沈亮、方鑫、习志文、杨志伟）

礼遇自然

国网江苏省电力有限公司江阴市供电分公司
以"绿色电"守护"一江清"

一、基本情况

公司简介

国网江苏省电力有限公司江阴市供电分公司（以下简称国网江阴市供电公司）主要负责经营、管理、建设江阴地区电网，为江阴经济社会发展和人民生活提供电力保障。国网江阴市供电公司积极践行绿色生态保护，将可持续发展理念融入电力生产、输送、消费等环节，推动长江沿岸的能源转型和绿色发展，为江阴高质量发展注入绿色低碳高效的充足动能。

近年来，国网江阴市供电公司被授予全国五一劳动奖状、全国"安康杯"竞赛活动示范单位、全国模范职工之家、全国用户满意企业、全国实施用户满意工程先进单位、全国用户满意服务企业等多项荣誉。

行动概要

江阴地处"苏锡常"金三角几何中心，北枕长江、中环群山、南蕴河湖。近年来，国网江阴市供电公司坚决落实江阴市委、市政府，上级公司的决策部署，配合推进江阴生态园林城市建设，通过管线入地、还地于城市，充分利用地下廊管、整合资源；应用绿色建材、生态优先等理念措施，在电网建设中厚植绿色底蕴，助力打造"四季有花、随处见景、规划一流、特色鲜明"的现代化滨江花园城市，让城市更宜居、人民更幸福。

二、案例主体内容

背景 / 问题

江阴依江而建、因江而兴，岸线全长 30 多千米，深水良港为江阴经济打下了良好基础。20 世纪 90 年代，作为长江三角洲重要的组成部分，江阴的制造业、纺织业、化工以及钢铁等行业发展迅速。然而在经济高速增长的同时，造成了大量的生态环境问题，特别是各类环境污染、生态破坏、生态系统退化等问题越来越突出，成为国土之殇、民生之痛，江阴市环境承载能力已经达到或接近上限。

为了践行"绿水青山就是金山银山"生态理念，近年来，江阴市委、市政府坚持"人民城市人民建、人民城市为人民"的发展理念，提出了"建设现代化滨江花园城市"的总目标。国网江阴市供电公司按照总目标，坚持落实绿色发展理念，既要支持江阴市经济发展、快马加鞭助力城市建设，又要注重保护生态，构建绿色低碳的电网系统，履行环境保护责任，彰显责任担当。

行动方案

国网江阴市供电公司积极引入利益相关方参与、综合价值最大化等社会责任理念，探索构建市生态保护、市住建局、市城市综合管理局、市交通运输局等政府部门，绿电服务商，社区等利益相关方之间的沟通合作机制，确定了以下三个方面的工作思路。

汇聚多方合力，推动合作共赢

国网江阴市供电公司高度重视利益相关方管理，识别并选取自然资源领域生态产品价值，重点研究生物多样性保护新路径；调研、分析、归纳利益相关方的关注点、期望和诉求；分析自然资源领域生态产品价值和生物多样性保护对公司的期望，探索符合多方诉求的实施路径；挖掘各方优势资源，搭建多方合作平台，开展多方资源整合和配置，多方共建一套可在全省、全国范围推广的宜居宜业的现代化生态城市"江阴样板"。

立足问题导向，实现精准施策

国网江阴市供电公司围绕参与长江岸线污染治理、沿江及内河港口岸电推广、退渔还湿、湿地动植物及栖息地的生态环境、增殖放流等重要议题，开展"江阴生态和生物多样性保护"利益相关方调研，精准识别各方诉求。同时，聚焦长江沿岸生态红线守护、城乡环境治理、城市公共管廊治理等攻坚问题，转变以往固定的工作模式，建立生态环保、国土规划等政府部门支持、供电公司主导、多利益相关方参与的项目推广模式，充分发挥各方优势资源，逐个突破难题，尽可能创造最大化的综合价值。

开展亮点工作，加强品牌建设

国网江阴市供电公司以生态保护和生物多样性保护为大主题，以"江阴绿电联盟""口袋公园""公益码头""长江放流"等亮点特色工作为重要记忆点，为生物多样性保护赋予绿色动能，聚焦江阴生态园林城市规划建设、商定杆线入地迁改方案、优化充电桩布局，开展全方位、多维度供电服务，打造形成被社会广泛认可的企业品牌。

按照以上三个方面的工作思路，国网江阴市供电公司从厚植底蕴，构建绿色系统，打造生态之城；创新实践，打造绿色滨江，串联绿色廊道；串绿成网，整合城市特色资源，建设优美城乡三条途径入手，形成了由国网江阴市供电公司牵头，江阴市生态保护局、江阴市住房和城乡建设局、江阴市城市综合管理局、江阴市交通运输局等多方配合的协作平台，将各单位常态化工作往生态建设上引导，让各方在工作上从"无意识"到"有意识"地保护生态，化矛盾为合作，推动项目可持续发展。

厚植绿色底蕴，构建绿色系统，打造生态之城

临江而建、因江而兴的江阴，形成"三经六脉连江山、环城绿道串碧澄"的生态格局，实现城市与自然的和谐统一。国网江阴市供电公司以法律政策为导向行动，积极践

环城森林带

行绿色生态保护，与利益相关方共同打造生态之城。

坚持生态优先，积极响应政策文件

执行《江苏省绿色港口建设三年行动计划（2018—2020年）》，积极推动长江流域港口岸电全覆盖实施。按照长江大保护提升乡镇交通领域电动化水平要求，明确由营销部牵头，建设部支持实现充电桩乡镇全覆盖。参照《国网江苏省电力有限公司无锡供电分公司电网环境保护责任清单》有关环境保护责任的法律法规，要求发展建设部严格按照生态多样性保护、水土保持国家标准开展建设项目。遵照《江阴市城市绿地系统规划（2013—2030）》《江阴市城市绿线划定规划》有关生态红线划定范围，合理合规布置电网廊道走向。对照《江苏省国家级生态保护红线规划》优化电网规划布局，确保区内不立塔，对于跨越二级水源保护区的规划，编制专项建设施工方案和施工后生态修复方案，确保不影响湿地的水系、水质、水岸、栖息地等保护功能。

退渔还湿，推动水生生物资源从"休养生息"到"生生不息"

国网江阴市供电公司积极配合江阴市做好退渔还湿、生态修复、污水处理等湿地保护工程，为生物栖息创造了良好环境。积极做好上岸渔民用电服务工作，全力服务沿江街道、乡镇电气化养殖基地，通过优化配电农网投资、推广电气化养殖设备、完善养殖区域抢修队伍等方式助力养殖产业健康稳定发展。

江阴窑港口湿地公园

创新实践，打造绿色滨江，串联绿色廊道

精心修复，构建绿色滨江

国网江阴市供电公司协助推进《江阴市加强长江大保护三年行动计划（2018—2022）》要求，对沿江地区搬迁转移的高耗能企业，优化业扩配套实施时序，减少企业用电投资，促进节能减排。配合建设船厂公园、鲥鱼港公园、韭菜港公园、黄田港公园四个滨江公园，将生产岸线转化为绿色生态岸线，还江于民、还绿于民。

江阴滨江公园实施前后对比

优化调整，推进绿色产业布局

在政府相关部门的牵头下，国网江阴市供电公司携手远景能源、双良集团、联动天翼等绿电供应服务商共建"绿电联盟"，在长江岸线布局分布式风机、集中式及分布式光伏，建设新能源基地，推进源网荷储、风光储一体化综合应用示范，优化长江岸线能源结构，促进能源结构转型。上线江苏省第一套综合能源服务平台，成立江阴市综合能源服务产业联盟，建立共赢共享的综合能源服务生态圈。

生态优先，践行节约理念

国网江阴市供电公司打造绿色"公益码头"，携手交通运输部门、属地政府共

江苏省第一套综合能源服务平台

同打造锡澄运河、新夏港河港口清洁岸电示范区，推动内河港口泊位岸电全覆盖。

助力"长江放流"品牌活动。联合长江水生生物保护协会、稀有水生生物养殖户等爱心公益组织或团体，优选鱼苗和环境温度，连续23年开展"长江放流"品牌活动。

应用绿色建材，将110千伏杏春变电站外观设计融入运河公园的整体环境中，让变电站成为公园一景。

国网江阴市供电公司志愿者参加"全国放流日"活动

串绿成网，整合城市特色资源，建设优美城乡

腾退换新，腾出新空间。 原先江阴市有200个布局散、隐患多、效益低、利益杂的各类园区，按照江阴市"空间聚集、产业集群、产城融合"原则，国网江阴市供电公司为20个重点产业园迁改让地，腾退旧面貌、释放新动能。

串珠成链，构建景观网络。 以安全和美观为出发点，确定城乡"口袋公园"管线入地迁改方案及施工安排。国网江阴市供电公司对于"口袋公园"集中充电桩等接电需求，按照"三零"政策，实现材料、施工费用全免服务，保障充电设施接电工作高效快速推进。

通过 N 个"口袋公园"串联 8 大主题公园，曲折延绵，宛若城市上空的"翡翠珠链"。

因地制宜，营造绿色人居。根据江阴市打造"全国最干净城市"三年行动计划，国网江阴市供电公司联合城市综合管理局对城乡老旧小区、"蜘蛛网"进行改造，坚决守牢民生底线，筑牢安全防线。

多重价值

守护一方山水。在中国最大的民营造船厂和运营近半个世纪的黄田港、韭菜港渡口搬迁过程中，国网江阴市供电公司制订迁改可行性方案，确保新建的黄田港公园、北外滩公园、船厂公园、长江湿地公园等生态保护区电力线路建设与整体环境相互协调。同时，配套建设低压岸电系统 77 套，建成电动汽车充电站 113 座，投运电动汽车充电桩 781 台，月充电量超过 28 万千瓦·时。

船舶停泊在江阴夏港河段码头使用岸电

引领产业变革。国网江阴市供电公司积极推动风能、太阳能等清洁能源并网，江苏省首个分布式风力发电综合能源服务项目——江阴港项目，截至 2024 年 12 月，累计核准分布式风机 23 台，年发电量超过 6000 万度，绿色电力供应达到港口运营所需的 50% 以上，年节约电能消耗 500 多万千瓦·时，折合标准煤 1716 吨，减少二氧化碳排

江阴港风力发电机

放 4461.6 吨，降低用电成本 20%，创造经济效益 1200 万元。

推动绿色发展。截至 2024 年 12 月，国网江阴市供电公司运用电力大数据，累计助力地方政府关停"十小"企业 128 家、"三高两低"企业 176 家，关闭燃煤电厂 14 家，完成钢铁去产能 240 万吨。服务污水治理项目快速接电，帮助 27 条城市河道黑臭水体整治，14 个乡镇村庄生活污水治理项目接电。

持续擦亮生态名片。2024 年，江阴市陆续监测到了江豚、秋沙鸭等物种，濒危物种逐步回归。随着生态环境持续向好江阴生物多样性频繁"上新"生物多样性"家底"也变得愈加厚实。江阴成功获评第六批国家生态文明建设示范区。

未来展望

作为江阴市能源企业，国网江阴市供电公司将继续践行"绿水青山就是金山银山"的生态理念，发挥自身优势，履行环境保护责任，更加严格地守，更加精准地治，更加高效地建，更加坚决地转，以进和退的柔性平衡，守护好长江母亲河的生态财富，以绿色电守护一江清。

三、专家点评

高质量发展强调绿色发展理念，要求能源结构转型与环境保护相协调。国网江阴供电公司与时俱进，精准发现江阴市面临的环境保护难题，发挥电网优势，主动作为，协同各方形成合力，助力江阴市实现经济发展与环境保护的协调发展，为经济高质量发展注入了新的绿色动能，彰显了电网企业的主动性、创新性和前瞻性，这样的做法与经验值得进一步提炼、优化及推广。

——中国企业联合会管理现代化工作委员会专家、责扬天下联席总裁　管竹笋

（撰写人：王菁华、张卅、凌小添、黄钲洋）

联宝（合肥）电子科技有限公司
设计驱动减塑，实现塑途归绿

一、基本情况

公司简介

联宝（合肥）电子科技有限公司（以下简称联宝科技）成立于2011年，是联想集团全球最大的 PC 设备研发中心和制造基地，主要产品包括笔记本电脑、台式机、工作站、服务器、车计算产品、边缘计算产品、XR/VR 及存储产品等，以及智能制造解决方案与服务。联宝科技始终秉持可持续发展理念，致力于通过绿色设计和技术创新，推动企业的低碳转型和绿色发展。2023 年，发布了《联宝科技"双碳"行动计划》，积极响应国家碳达峰碳中和的战略部署，制定并实施符合自身条件的"双碳"目标和实施路径，为全球可持续发展贡献力量。

行动概要

在助力实现联合国 2030 可持续发展目标，加速塑料污染治理的征程中，联宝科技展现了卓越的创新能力与社会责任感。在联宝科技 ESG 指导委员会的坚强领导下，以绿色设计和创新技术为驱动，聚焦主营产品笔记本电脑，从机器本体到出货包装全面发力。在机器本体减塑上，联宝科技通过共享件设计以及引入生物基材料、消费后再生塑料等回收材料，实现了塑料使用量的显著下降。这一举措不仅体现了对环保材料的深度挖掘与应用，更展示了联宝科技在产品设计上的前瞻性和创新性。在出货包装方面，联宝科技引入自锁底纸箱、纸浆模塑缓冲件、可复用包装、纸塑礼盒等一系列创新技术，并对屏保布、标签、提手、主机袋、说明书袋等全组件出货包装使用环保材料替换。这些创新举措不仅有效减少了塑料的使用，还提高了包装的可持续性和可回收性。

通过实施"产品＋包装"一体化减塑方案，联宝科技每年可减少使用约1100吨新塑料、350万米塑料胶带、4.6万平方米塑料标签，每年至少可回收利用约80吨趋海塑料和660吨纸箱废料。这一显著成果赢得了业界的广泛认可，联宝科技借此斩获多项国内外大奖，如iF设计奖、德国红点奖、2024年"金钥匙——面向SDG的中国行动"年度最佳解决方案等。

二、案例主体内容

背景／问题

塑料污染已成为全球性的环境危机，其使用量激增与回收率低下更加剧了这一问题的严峻性。有关数据显示，全球塑料年产量从2000年的2.34亿吨飙升至2023年的超4亿吨，而废塑料回收利用率却只有9%，大量塑料垃圾被焚烧、填埋或残留在环境中，对生态系统和人类健康构成严重威胁。作为联想集团全球最大的PC设备研发中心和制造基地，联宝科技年均出货笔记本电脑3000余万台，机器本体和出货包装中含塑制品较为常见。

在这一背景下，联宝科技作为一家对环境保护和可持续发展高度负责任的公司，积极承担起企业社会责任，正以实际行动践行可持续发展理念，全力推动塑料污染治理工作。联宝科技制定了符合自身条件的双碳目标和实施路径，将"产品＋包装"全面减塑作为可靠途径。联宝科技在笔记本电脑本体和外包装方面开创了多项创新的减塑解决方案，在机器本体上通过共享件设计及引入生物基材料、消费后再生塑料等回收材料，有效减少了塑料的使用量。同时，联宝科技在产品外包装上积极推广可复用包装和环保材料替换等举措，进一步降低了塑料垃圾的产生。联宝科技的这些努力不仅有助于减少白色污染，还推动了企业的低碳转型和绿色发展。通过绿色设计和技术创新，联宝科技实现了笔记本电脑"塑途归绿"，为可持续发展作出了积极贡献。

行动方案

要减少笔记本电脑机身和出货包装中的塑料含量并非易事，联宝科技基于自身强劲的绿色设计能力，采用"设计驱动减塑"的创新理念，瞄准"机器本体减塑"和"出货包装减塑"两个方向，做到从设计到生产，从出货到回收多环节减塑，推动"塑途归绿"。同时，联宝科技积极发挥其"链主"企业的影响力，大力推动供应链上下游伙伴及消费者共同参与减塑行动。

就具体的减塑方案而言，联宝科技聚焦主营产品——笔记本电脑，推出机器本体"1+2"减塑方案和出货包装"4+8"减塑方案，旨在从设计源头减少塑料使用量和提升材料可回收率，最终实现"塑途归绿"。

为实现机器本体的减塑目标，联宝科技采取"1+2"减塑方案，从关键模组标准化设计和可回收材料替代传统塑料入手。首先，通过关键模组的标准化设计，联宝科技研发出适用于触摸板、键盘、显示屏、固态硬盘、摄像头等部件的通用关键模组。这一设计不仅有效降低了部件的多样性，减少了重复设计的工作量，还为用户带来了便利。当用户遇到部件老化或损坏的情况时，可以更加便捷地进行更新或升级，从而避免了因单个部件问题而影响整个笔记本电脑的使用。这不仅延长了产品的使用寿命，还有效减少了一次性废弃物的产生。其次，联宝科技从绿色设计出发，提高笔记本电脑机器本体消费后再生塑料回收材料使用率至 20%，达到美国电子产品环境影响评估工具（EPEAT）2025 年金牌认证标准。所使用的回收材料均通过了国际第三方公证单位的认证，包括翠鸟 SCS Global Services 认证、德国莱茵 TUV 认证和美国 UL2809 再生料含量认证等。此外，联宝科技还在不断探索可再生材料的应用。在不降低机身各部件所用复合材料的物理性能的前提下，利用可再生生物橡胶等生物基材料替代传统的石油基材料，以减少新塑料的使用。这些生物基材料通常来源于可再生资源，如植物、微生物等，其生产过程更加节能，碳排放也相对较低。这不仅有助于降低整体的能源消耗，还能有效减缓全球气候变化。目前，联宝科技已经优先在产品外壳导入了生物基材料，并预计在未来的联想商用笔记本电脑中更多采用生物基材料回收壳件的设计。这一系列举措展示了联宝科技在推动减塑、环保方面的决心和努力。

联宝科技在出货包装领域推出了"4+8"减塑方案，该方案包括研发自锁底纸箱、100%FSC 瓦楞纸缓冲件等四项环保包装技术，并实现了八类发货包装材料（屏保布、主机包装袋、说明书袋、缓冲件、礼盒、纸盒安全封条、提手、外包装箱）全部由无塑或可回收材料替代。这一举措在工艺设计创新、环保原料导入及环保理念传播等多个方面均取得了显著突破。

在工艺设计创新方面， 联宝科技开发了一系列"零塑包材"。其中，自锁底纸箱采用卡扣设计，无须塑料胶带即可实现底部自动闭合，且能承受较大的冲击力。纸浆模塑缓冲件则由 100% 回收瓦楞纸或植物原浆（竹浆与甘蔗浆）制成，通过巧妙的工艺设计，不仅实现了净塑，还提升了性能。此外，REmember 纸塑礼盒采用了零塑设计，且能够被改造为相框，实现重复利用。

在环保原料导入方面， 联宝科技已经实现了电脑出货包装八类包材原材料的全部环保替代。主机包装袋、屏保布、说明书袋等已采用硫酸纸、竹纤维纸等可再生原料，替代了塑料。主机袋更是从低密度聚乙烯塑料袋逐步替换为竹纤维袋、海洋回收塑料比例 30% 的 OBP 袋，并进一步替换成海洋回收塑料比例 90% 的 OBP 袋。这一变化不仅减少了全新塑料的使用，还提高了海洋塑料的回收率。缓冲件原材料也从 EPE 珍珠棉替换为 PIC 工业回收泡棉，并最终替换为 100% FSC 认证的瓦楞纸和纸浆模塑缓冲件，实

REmember 纸塑礼盒

现了缓冲件的完全净塑。值得注意的是，这些瓦楞纸来源于厂内回收的纸箱制作过程中产生的边角料，进一步体现了环保纸材的回收再利用。

在环保理念传播方面，联宝科技依托 evergREen 可复用笔记本电脑包装提出客户互动概念，用户通过扫描包装上的二维码，在品牌方网站上上传与 evergREen 可复用包装相关的环保行为照片，即可获得品牌方回赠的明信片和优惠券。这种正向激励机制极大地激发了消费者的参与热情，同时也为品牌树立了良好的社会形象，推动了环保理念的广泛传播。

多重价值

多方发力，发展模式可持续

联宝科技在推动绿色可持续发展方面展现出了卓越的领导力与创新能力，通过一系列减塑净塑举措，在环境、社会、经济等方面均取得了显著成效。

在环境方面，联宝科技通过减塑应用和创新回收模式，有效减少了新塑料投入和塑料垃圾产生。其采用的 PIC 工业回收缓冲泡棉、自锁底纸箱、90% OBP 趋海塑料包装等减塑措施，推动 ThinkPad 品牌笔记本电脑实现了 100% 无塑包装，Lenovo 品牌笔记本电脑包材可回收材料导入比例达到 90%。同时，联宝科技通过采用 100% FSC 认证

联宝科技供应商 ESG 论坛启动仪式

瓦楞纸"双循环"回收模式，累计实现减少碳排放量 3000 余吨。

在社会方面，联宝科技"设计驱动减塑"解决方案为行业提供了实践参考，带动了整个行业的绿色转型。作为"链主"企业，联宝科技积极构建绿色低碳产业链，通过供应商节能技改星火行动、供应商 ESG 管理平台 Green Link、ESG 知识赋能星火讲堂等项目带动上下游企业，推动产业链和生态圈可持续发展。同时，通过数字化、智能化、低碳化解决方案的输出，鼓励企业设定科学碳目标，引导绿色生产、包装、物流及回收。

在经济方面，联宝科技的减塑应用有助于节约原料费用和运输费。通过采用自锁底纸箱设计减少了塑料胶带用量，每年节约胶带费用超 18 万元；同时，"双循环"模式实现了纸箱废料的厂内回收，每年节约瓦楞纸费用超 160 万元。此外，新一代纸浆模塑缓冲件的应用减轻了包装重量，提高了码排数量，有效提升了运输效率，预计每年可节约物流费用超 1000 万元。这些举措不仅降低了生产成本，还提升了企业的经济效益，展现了联宝科技在可持续发展方面的创新能力和实践成果。

联宝科技在减塑净塑、绿色设计推动可持续发展方面的创新实践得到了国际组织、政府部门、行业协会及公众传媒的广泛认可。2023 年，联宝科技荣获全球智能制造领域的最高荣誉"灯塔工厂"，彰显了其在智能制造方面的卓越能力。此外，联宝科技还获得了国家企业技术中心、国家级工业设计中心、国家级博士后科研工作站、国家级绿色工厂及国家级国家知识产权示范企业等多项资质荣誉，充分证明了其在科技创新和绿色生产方面的领先地位。

未来展望

联宝科技将持续践行绿色发展理念，切实推动"负责任地消费和生产""气候行动"等可持续发展目标达成。在联想集团的"双碳"目标的基础上，联宝科技善其身，持续推进设计创新，以技术进步实现自身减塑减碳；兼其下，持续开展"星火行动"，以"星火"燎原之势推动行业全价值链绿色转型；内外兼修，推动产业链和生态圈可持续发展，助力国家实现"双碳"目标，为全球可持续发展贡献力量。

联宝科技计划到 2030 年，全部笔记本电脑产品实现使用消费回收再生塑料，出货包装 100% 无塑；到 2050 年，公司绝对温室气体排放量减少 90%。我们始终相信企业只有在夯基固本、稳健发展的基础上，持续回报社会，坚持生产性创新，方能行稳致远。为实现全球控温 1.5℃目标，我们将在未来持续发力，在联宝科技历年来节能减碳、优

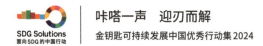
化治理的坚实基础上，充分发挥技术创新优势，承担"链主"企业责任，构建绿色低碳产业链和生态圈。

三、专家点评

　　联宝科技在设计驱动减塑方面的行动堪称业界典范，其价值和意义重大。通过"1+2"和"4+8"减塑方案，联宝科技不仅有效减少了塑料使用，还推动了资源的循环利用，为环境保护做出了积极贡献。其亮点在于创新的技术应用和环保材料替代，如自锁底纸箱、纸浆模塑缓冲件和可复用包装等，这些创新不仅具有环境效益，还带来了经济效益和社会效益。我尤为赞赏联宝科技在推动行业绿色转型和提升公众环保意识方面的努力。作为"链主"企业，联宝科技通过自身实践，为行业伙伴提供了可复制、可推广的减塑模式，对整个产业链的绿色发展具有深远影响。期待联宝科技在未来继续深化减塑行动，探索更多创新解决方案，同时加强与各方的合作，共同推动可持续发展目标的实现。

——北京 ESG 研究院院长、中国人民大学教授　黄勃

（撰写人：联宝科技绿色设计团队）

可持续消费

滴滴出行科技有限公司
打造绿色出行生态

一、基本情况

公司简介

滴滴出行科技有限公司（以下简称滴滴）创立于 2012 年，经过十余年的发展，已经成为全球卓越的数字出行科技平台，为包括中国在内的 15 个国家提供网约车、出租车、代驾、顺风车等多元化出行服务，并运营租车、加油、充电、共享单车和电单车、同城货运、外卖等业务。

滴滴积极践行可持续发展理念，把可持续发展融入滴滴的整体发展战略。滴滴以科技推动智慧出行创新，与合作伙伴共同解决全球交通、环保和就业挑战；致力于提升用户体验，创造社会价值，建设安全、开放、可持续的未来移动出行和本地生活服务新生态。

行动概要

滴滴积极响应联合国可持续发展目标（SDGs），于 2024 年 7 月 30 日正式发布了首份可持续发展报告，以交通工具电动化、资源利用高效化、出行结构低碳化、电力来源绿色化、交通体系数智化五个关键着力点助力行业绿色转型。滴滴积极推动网约车电动化，上线顺风车和拼车业务，推出共享两轮出行服务，同时构建"数智化能源管控平台"，持续推进运营调度技术的创新与应用，以助力城市绿色出行。截至 2023 年末，滴滴平台已注册纯电动汽车约 350 万辆，全年电动汽车服务里程占比超 57%；通过推动绿色出行共助力城市实现温室气体减排约 534.7 万吨二氧化碳当量。同时，旗下小

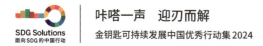

桔能源累计实现电力需求响应次数超 700 次，售电规模达 14 亿千瓦·时。此外，滴滴携手生态伙伴共推生态绿色转型，搭建"长青"碳管理平台，推出"碳元气"产品，在全国 298 个城市上线落地，激励公众低碳出行；上线滴滴企业版"航班碳数据"产品，探索可持续差旅服务；构建绿色供应链体系，致力于推进全生命周期碳减排。

　　未来，滴滴将继续秉承"让出行更美好"的初心，持续推进科技创新，优化出行结构，携手生态伙伴，共创绿色出行新生态。

二、案例主体内容

背景／问题

　　气候变化是人类社会需要携手应对的重大议题，绿色低碳是世界各国可持续发展的必然选择。党的二十大深刻而全面地阐明了中国未来发展的方向，明确提出"推动绿色发展，促进人与自然和谐共生"，倡导绿色低碳的生产生活模式。

　　在"双碳"目标背景下，推进绿色发展既是应对全球气候变化的紧迫任务，也是实现经济社会高质量发展的必由之路，更需要国民经济各部门凝聚共识、协同发力。交通运输行业作为终端能源消费的关键部门，碳排放高，节能降碳潜力大，带动影响范围广，是支撑"双碳"目标实现的关键领域。因此，推动绿色出行，助力交通运输行业节能降碳，是实现行业绿色转型的重要抓手。

行动方案

　　滴滴作为数字出行科技企业，既是交通出行领域的重要参与者，也是绿色低碳发展理念的积极倡导者。滴滴充分发挥平台技术和服务优势，多措并举推动绿色出行，推动交通工具电动化和交通方式的低碳化，联动生态伙伴打造绿色出行新生态，助力用户、行业和社会的环境友好转型。

五个关键着力点助力数字出行零碳转型

交通工具电动化，推动网约车电动化转型

　　交通工具电动化是城市交通领域节能降碳的必然选择，以滴滴为代表的数字出行企业在我国新能源汽车产业发展过程中起到了较好的带动和示范作用。截至 2023 年末，在滴滴平台注册的新能源汽车累计超 400 万辆，其中纯电动汽车约 350 万辆。同时，我们积极推动海外网约车业务的电动化转型，2022 年 4 月，滴滴在巴西的全资子公司 99（以下简称 99）主导并携手多家公司成立了巴西"可持续出行联盟"，旨在促进巴西电动汽车市场发展和网约车电动化，并推动可持续交通转型。截至 2023 年末，可持续出行联盟成员已达 14 家，99 平台新能源汽车注册数量达到 1700 辆，并计划在 2025 年将新能源汽车的渗透率从目前的约 2% 提升至 10%。

资源利用高效化，合乘出行降低碳排放

滴滴于 2015 年先后上线了顺风车和拼车业务，充分发挥合乘交通的"微公交"属性，通过归并公众出行需求，提升车辆座位利用率，减少道路上行驶的汽车数量，有效缓解拥堵，降低出行碳排放。2023 年通过合乘方式共助力城市减少温室气体排放约 118.5 万吨二氧化碳当量。

 案例 | **全民拼车日，助力温室气体减排**

自 2019 年发起"全民拼车日"活动以来，持续向公众传达"环保、效率、共享、低碳"理念。"全民拼车日"活动期间，累计减排温室气体约为 21.0 万吨二氧化碳当量。为了鼓励更多人参与活动，滴滴还联合合作伙伴推出了多种激励机制，多渠道跨界塑造"低碳拼就是COOL"的绿色心智。

"全民拼车日"活动

出行结构低碳化，发展近零排放慢行交通

共享单车和共享电动车作为慢行交通的一种方式，不消耗化石燃料，通过替代其他高排放出行方式实现节能减排。2018 年，滴滴推出了共享两轮车品牌——滴滴青桔，旨在为大众提供高效、普惠的中短途出行解决方案。2023 年，滴滴青桔通过共享单车、共享电动车业务助力城市减少温室气体排放约 68.5 万吨二氧化碳当量。

电力来源绿色化，助力新型电力系统建设

随着网约车"油换电"和社会交通工具电动化转型的不断推进，间接排放在交通能源生命周期排放中的占比不断增高，新型电力系统建设和电力绿色化转型是降低电力侧间接排放的有效手段，对于助推"零碳交通"目标的实现意义重大。

滴滴通过深度融合能源与数字技术，以数智化能源服务商——小桔能源为平台，充分融合能源互联网、线下充电网络、光伏发电、储能、V2G等多种技术和能力，构建"数智化能源管控平台"，积极参与电力需求响应，助力电网削峰填谷，提升能源安全和电力保障能力，促进新能源电力的消纳，助力电力绿色化转型和新型电力系统建设。2023年，小桔能源共参与北京、天津、广东、深圳、上海等省份的能源需求响应调节，累计实现电力需求响应次数超 700 次，时长超 3500 小时，售电规模 14 亿千瓦·时。

交通体系数智化，赋能高效便捷出行体验

运营调度是网约车平台的基本功，在很大程度上影响平台用户的出行效率和体验，也影响着交通路网和车辆使用效率。滴滴持续推进运营调度技术的创新与应用，提升出行准确率和智能化水平，减少车辆空驶和碎片化行驶，有效缓解交通拥堵，降低交通领域碳排放。其中，在供需预测方面，构建深度学习神经网络模型，显著提升了对短时出行需求预测的精准度，提升了订单匹配效率；在精准定位方面，率先应用深度学习技术，开发各类精准定位服务，提高司乘碰面概率。

联动多方生态伙伴共推生态绿色转型

搭建"长青"碳管理平台，量化出行生态碳排放

依托数字化平台能力对"双碳"领域进行深入探索，滴滴于 2022 年搭建了碳管理工具——"长青"，可实现以订单为粒度，对平台出行生态的碳排放总量、碳排放强度、碳减排量、绿色里程比率、电动化比率五个核心绿色指标的动态核算，并通过可视化看板从不同维度对核心数据进行统计展示，对不同省份、不同城市和不同业务线相关指标的动态核算，为未来科学规划和落地"碳中和"路线提供底层数据和逻辑支撑。

推出"碳元气"产品，持续引导用户低碳出行

为顺应低碳环保发展趋势，推动低碳出行，滴滴于 2022 年推出了"碳元气"环保项目，在用户端打车全流程进行创意化的低碳出行引导，做到出行减碳可量化、可视化、

"碳元气"守护八仔活动

可参与、可分享。从 2024 年开始,滴滴出行终身守护秦岭棕色大熊猫七仔的后代"八仔",用户可以通过"碳元气"趣味消耗的方式参与守护熊猫"八仔",获得"八仔守护证书",并参与熊猫盲盒抽奖。目前,"碳元气"项目已在全国 298 个城市上线。

携手企业客户,探索低碳差旅服务

2022 年,滴滴企业版开始在企业用车报告中为用户提供网约车碳排放和减排数据。为更好地助力企业客户实现减排目标,2024 年企业版参考 Travalyst 旅行影响模型上线了"航班碳数据"产品,通过引入绿色资源标识和说明,帮助用户了解每次差旅的碳足迹,引导其低碳出行。用户在搜索航班时,可根据每个航班产生的碳排放量及与市场参考碳排量对比的减碳量,直观了解所选航班在碳排放方面的表现,推动企业用户选择低碳出行,共同打造低碳差旅标杆案例。

企业级航班碳数据示意图

开展碳足迹评价,构建绿色供应链体系

滴滴青桔以循环经济理念为导向,积极探索共享单车全生命周期的低排放、低消耗、高效率利用路径,探索产品全生命周期的"碳足迹"核算和绿色供应链体系,将绿色低碳理念贯穿车辆在材料选择、采购、设计、生产、使用、报废、回报等环节,有效推进行业和上下游产业链合作伙伴的绿色发展转型。2022 年,滴滴青桔对 HP1.0 共享电动车全生命周期的碳排放情况开展了产品"碳足迹"评价,以进一步优化产品工艺,管理原材料供应链,降低二氧化碳排放,提升产品效能。2023 年,滴滴青桔通过绿色设计、绿色采购等技术措施,持续打造绿色供应链,并获得了共享两轮车行业首个"绿色供应链评价管理体系"认证。

多重价值

滴滴通过"五个关键着力点"推进数字出行零碳转型,2023 年超 57% 的网约车服务里程由电动汽车贡献,累计实现温室气体减排量约 534.7 万吨二氧化碳当量,助力城市绿色出行。同时，旗下小桔能源累计实现电力需求响应次数超 700 次，时长超 3500 小时，售电规模 14 亿千瓦·时，助力电力绿色化转型和新型电力系统建设。此外，滴滴联动生态伙伴推进绿色转型，搭建了"长青"碳管理平台，为推进出行碳减排提供数据支撑；推出"碳元气"产品，在全国 298 个城市上线运行，引导公众绿色出行；获得共享两轮行业首个"绿色供应链评价管理体系"认证，致力于电动车全生命周期碳减排。

滴滴积极打造绿色出行生态的实践得到了多方认可，分别入选了联合国人居署的《未来城市顾问展望：数字创新赋能城市净零碳转型》年度案例、生态环境部宣传教育中心的《2023 中国企业气候行动案例集》、中国国际服务贸易交易会的"2023 年数字化绿色化协同转型发展优秀案例"、中国互联网发展基金会的"2023 年数字化绿色化协同转型发展优秀案例"。此外，2024 年小桔能源在 2023 能源年会暨全球能源企业 ESG 论坛上，凭借在 ESG 领域的数字化产品创新应用，获评"ESG 最佳品牌价值奖"。

未来展望

"让出行更美好"是滴滴长期以来的初心使命，也代表着滴滴在可持续发展方面的承诺和展望。未来，滴滴将持续创新出行结构，推动网约车电动化，优化电力来源，探索数字碳普惠，与生态伙伴一起，为全社会提供更绿色的出行方式。

三、专家点评

滴滴"打造绿色出行生态"实践在数字出行领域很有代表性。其基于平台网约车业务，通过推动汽车共享出行、慢行交通发展、交通电动化转型、提升出行效率等策略，有效推动了城市绿色出行的发展。其中，拼车和共享单车及共享电动车业务，更是实现了在使用阶段的低碳或零碳排放。此外，滴滴还充分利用平台企业的数字和资源优势，依托"长青"碳管理平台，赋能客户企业价值链的碳管理，激励用户参与绿色出行，积极推动绿色出行生态的闭环发展。

建议滴滴继续加大在绿色出行领域的技术创新和模式探索力度，强化减排目标和路径规划，进一步提升绿色出行的效率和覆盖范围，也期待滴滴能够持续引领行业的绿色转型，为实现交通领域的绿色低碳转型作出更大贡献。

——中国社会科学院生态文明研究所研究员，中国社会科学院可持续发展研究中心副主任　陈迎

（撰写人：李萌、李占宇、胡旭欣、张菁菁、李蕊）

可持续消费

内蒙古蒙牛乳业（集团）股份有限公司
优益 C"一起消化为地球"
绿色营销

可持续发展目标

一、基本情况

公司简介

作为头部乳制品企业，内蒙古蒙牛乳业（集团）股份有限公司（以下简称蒙牛）长期坚持可持续发展道路，打造循环经济新标杆，引领中国乳业的高质量发展。2022 年，蒙牛提出了"GREEN 可持续发展战略"，在全产业链践行 ESG 理念，持续推进"GREEN"战略落地的同时，还将 ESG 治理、社会及环境责任理念方法传递至上下游产业链，协同合作伙伴推行减碳实践，降低产品碳足迹。2024 年，蒙牛将绿色包装作为可持续发展年度重要议题，明确"治理环境污染，保护地球资源，助力实现净零"的工作目标。

优益 C 于 2009 年创立，是蒙牛集团旗下专注益生菌领域的独立品牌，是中国益生菌领域的领导者。坚持自主研发，自主创新，建立自主知识产权益生菌资源库。现已拥有活性益生菌乳饮品、益生菌粉、各类创新型益生菌饮料等丰富且完整的产品线。

行动概要

作为国民益生菌领导品牌，优益 C 用中国专利益生菌为国人肠道提供健康守护，更坚持践行绿色可持续发展，为更美好的生活环境努力。2023 年起，优益 C 发起了"一起消化为地球"环保倡议，从环境保护行动、循环经济实践、绿色消费倡导、志愿公益行动等层面不断拓展。

"一起消化为地球"海报

二、案例主体内容

背景／问题

消费作为拉动经济增长的重要动力，气候危机的影响不容小觑。随着生活和消费水平的持续升级，人们对于健康、绿色、有机生活方式的向往将进一步让低碳消费主流化。然而，可持续消费意愿与购买行为转化之间仍有较大鸿沟，消费者对可持续生活方式的认知仍然比较模糊。因此，需要将营养健康与消费者链接，从品牌角度发出倡导可持续消费，用消费者更容易理解、参与门槛更低的方式吸引他们加入可持续行为中，实现产品端从内到外的可持续升级，营销端则通过多种组合提升消费者的可持续发展认知和开展环保行动的意愿，从而实现将消费行为逐步引向可持续消费行为。

行动方案

优益 C 围绕营养健康、绿色包装、减碳行动、绿色营销，内外兼修打造可持续产品，通过优益 C "一起消化为地球"项目，以"江河之于自然 就像肠道之于人体"为核心洞察，呼吁公众守护江河生态的同时传递优益 C 消化功能点，不仅要持续提升身体营养健康水平，更要保护河流守护环境；以产品为抓手，结合了公益与营销，以产品为载体落实公益理念，构建"喝优益 C＝保护地球环境"的用户认知；通过合作环保公益机构，发起一系列公益活动，提升消费者对可持续消费的认识与参与度，实现了可持续与产品销量的"双赢"。

优益C"一起消化为地球"有品牌的绿色主张，有产品碳足迹测算及持续减碳的绿色内涵，并在此基础上在内部倡导环保行动，在消费者端倡导绿色消费，联合公益行动，由此形成优益C"一起消化为地球"绿色营销的完整理念。

19年艰辛寻菌之路，研发益生菌的"中国芯"

2006年，蒙牛成立了益生菌研究团队，踏上了一条漫漫的寻菌之路，在960万平方千米的土地上，研究团队走过了内蒙古、广西、甘肃、西藏、浙江、海南等地，走出了一条条充满艰辛的寻菌之路。19年如一日，只为寻找适合中国人肠道环境的优质本土益生菌，探索中国益生菌的突破，建立了蒙牛17000余株的菌种资源库，并成功筛选出包括副干酪乳酪杆菌PC—01在内的多株自主知识产权益生菌菌株。

通过校企联合技术攻关，最终突破了功能性益生菌靶向筛选技术、高活性益生菌发酵乳制品加工关键技术，实现了高活菌数益生菌乳制品的制备和进口菌株的替代，打造益生菌的"中国芯"，助力推动中国乳业新质生产力发展。项目成果已在蒙牛优益C等产品中应用转化，拥有自主知识产权的菌株

PC—01实现了产品中活菌数500亿cfu/100ml的突破，取得了显著的经济效益和社会效益，并于2023年获得中国专利银奖，是目前乳业在专利领域唯一且最高荣誉。

荣获46.62%减碳认证，获易回收易再生认证的绿色包装

优益C一直是可持续发展行动的践行者，在意识到包装对生态环境的压力后，2022年，优益C主动将全线产品标签从PVC材质替换成rPETG，2023年上线无标签

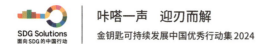
环保瓶——无标签、减塑料、减油墨，让环保更彻底。每个优益 C 环保瓶减少塑料 1.47 克，减少油墨 0.01 克。全年减少油墨 7500 千克，相当于守护了 5000 种水生生物；减少塑料 800 吨，相当于种植了约 20 万棵树；获得 46.62% 减碳认证和易回收易再生认证。

开展优益 C "一起消化为地球" 绿色营销

在绿色营销上，发起优益 C "一起消化为地球" 项目，通过 BI 及尼尔森数据监测产品动销，将销售与环保时长相关联；联合北京守望者基金会在 "巡河宝" 小程序开展河流守护净滩行动，让环保活动规则有据可依。品牌将守护地球肠道江河与守护国人肠道概念强绑定，易于消费者理解品牌与自然的关系，深化产品健康功能感知。同时，利用明星的号召，既带动消费者参与，也跟平台置换了更多的曝光资源，助力产品的销售转化。截至 2024 年 10 月，"一起消化为地球" 河流净滩守护行动，累计参与者达 2319 人次，护河身影遍布 24 个城市，守护了 30 条河流，成功巡护母亲河 102 千米。

2024 年 4 月，优益 C 加入好润环保 "春雨新生校服计划"，通过蒙牛公益基金会实现项目募捐。每 28 个 PET 空瓶可制成一套环保校服，项目启动后，优益 C 全平台发声，号召大众空瓶应援。同时，优益 C 在写字楼等多个区域设置空瓶回收点位，并将蒙牛低温事业部马鞍山工厂、蒙牛低温事业部清远工厂的工厂产线 PET 片材，一起回收至好润环保工厂；再将回收的 PET 瓶加工再生成环保校服，优益 C 让塑料循环，让温暖触达，

让日常环保变成公益支持。10月9日，优益C将100套环保再生校服，300支环保再生笔，900瓶优益C送达甘肃3所乡村学校。随着校服捐赠活动，传递营养健康、环境保护知识的优益C企业课也走进了甘肃省康乐县2所乡村学校。

在蒙牛集团可持续发展战略下，企业的可持续行动需要通过品牌和产品传导出去，优益C成为蒙牛集团负责任营销的标杆案例。优益C"一起消化为地球"是从可持续的品牌倡导到落地行动的闭环案例。

多重价值

在产品端，不断提升健康环保价值。重点推出0蔗糖优益C无标签环保瓶、量化产品环境数据，包装创新和改进持续进行，如将PS材质优益C100瓶替换为更回收的PP材质瓶身克重由7g降至6.5g，全年可减少塑料使用270吨；取消瓶标，将产品信息直接雕刻于瓶身，每个瓶标的重量为0.97g，全年可减少使用塑料523.8吨。取消瓶标减少了套标的能源消耗，每年可减少蒸汽使用85吨；封口铝箔厚度由40μm降至30μm，每个封口铝箔重量减少0.04g，全年可减少使用铝箔21.6吨。

在营销端，广泛引导公众参与环保行动。发布"一瓶一分钟"营销兑换行动，并发布河流保护地球点亮行动，以完整限定时段内的销量兑换净滩公益行动，引导公众参与河流守护。此外，在组织内部发起零废弃日、净滩行动、变废为宝等零废弃公益行动，引导员工参与公益行动。

在消费者端，让可持续消费理念深入人心。线上通过品牌及明星代言人的影响力发布ID视频号召消费者参与到净滩行动中，同时联动朴朴超市增送环保周边产品，让活动实现最大化传播，让消费者乐于参与可持续消费。

未来优益C全线产品将升级环保包装，同时围绕优益C"一起消化为地球"打造系列行动支持ESG、践行ESG。通过联动渠道伙伴及公益组织，在社交媒体平台持续产出ESG相关内容，从生物多样性、气候变化、减塑等方面进行传播及互动，让更多消费者感知和参与ESG，切实履行品牌社会责任，绽放品牌价值。

未来展望

守护国人肠道任重道远，优益C将积极承担企业社会责任，深入挖掘中国本土益生菌，自主研发更多优质的产品分享给消费者，引导国民建立健康合理的生活方式，提升全民肠道健康水平，脚踏实地践行健康中国战略，助力国民大健康事业。优益C将继续携手全产业链伙伴，以更加坚定的步伐，为消费者提供更营养、更环保的乳制品，共同打造可持续发展生态圈，守护人类和地球的共同健康。

三、专家点评

蒙牛作为一家国内知名的快销品企业，通过产品创新为可持续消费提供了优秀实践案例。

蒙牛通过技术创新为消费者提供更加优质、安全和健康的产品，提升企业的市场竞争力；同时通过绿色设计——包装的减塑和标签的循环材料、无标签环保瓶等，都大幅降低产品包装的碳排放和环境影响，促进消费的绿色化。此外，蒙牛优益C还运用数智技术对产品进行绿色营销，在消费端建立空瓶回收系统，并实现回收再生；通过各种公益活动将环保、健康理念传递给社会。

蒙牛可持续创新让我们欣喜地看到中国标杆企业的可持续发展与自身的产业特点密切结合，探索出一条环境、社会和经济均衡发展之路。可持续发展具有旺盛的生命力，也希望今后涌现越来越多这样的优秀企业案例。

——中国人民大学生态环境学院教授、博士研究生导师　李岩

（撰写人：潘晓燕、孙微、闫喜娟）

驱动变革

国网江苏省电力有限公司连云港供电分公司
多场景共享企业级"充电宝"
——打造移动式储能商业模式创新

一、基本情况

公司简介

国网江苏省电力有限公司连云港供电分公司（以下简称国网连云港供电公司）成立于 1976 年，现有职能部室 14 个，业务机构 18 个，辖赣榆区和东海、灌云、灌南 4 个区县供电企业，全口径用工 4467 人（主业职工 1721 人，三新公司职工 2275 人，集体职工 333 人，省管产业单位直签 138 人），供电营业窗口 77 个，服务全市 248 万用电客户。

连云港电网最高电压等级为直流 ±800 千伏，系锡盟至泰州过境线路。500 千伏部分包括 3 座变电站及 2 个发电厂，220 千伏部分形成以北部的艾塘、东南部的徐圩及中南部的伊芦为电源支撑点的多重环网结构。

国网连云港供电公司先后获得全国文明单位、全国"安康杯"竞赛活动优胜企业、全国五一劳动奖状、全国模范职工之家、全国用户满意服务单位、全国质量信得过班组建设优秀企业、全国学习型组织先进单位、全国优秀志愿服务组织、江苏制造突出贡献奖先进单位、国家电网公司首届"红旗党委"、2019 年度服务地方高质量发展优秀单位等荣誉。

行动概要

以"街电""怪兽充电"等品牌为代表的共享充电宝企业，以自助租借的模式向公共场所提供充电服务，随处可见，随时可用，已逐渐演变成为公共场所必备的"基础设施"。相比之下，大型移动式储能设备（储能车）在解决企业波动性生产用电与供电变压器固定性容量之间的矛盾时同样具有优势，可为企业保障临时用电。然而以移动式储能车（容量等同于 40~100 个特斯拉 Model S）为代表的企业级共享"充电宝"却仍然处于商业化初期，甚至是空白期。

国网连云港供电公司精准识别移动储能行业转型趋势，全面深化社会责任理念，联合储能行业各个利益相关方，提前布局需求市场，创新推行行政、代理、直营三种市场合作模式，牵头规范了"车—车""车—储能单元""固定—移动"三类接口标准，拓展农业、工业、商业等间歇规律性超容用电、应急性保障用电等八类移动式储能应用场景，实现共享企业级"充电宝"商业化。

二、案例主体内容

背景 / 问题

移动式储能车在商业化推广的过程中，主要面临以下三个方面的问题：

一是用途单一不共享。 移动式储能车多为针对特定的应用场景而设计的，且起到后备电源的作用，这就意味着移动式储能在大部分时间内处于闲置状态，未能发挥其潜在的价值。

节假日服务区新能源充电桩用电场景

二是流程烦琐不方便。长期以来，移动式储能车的主要目标客户为供电公司。若其他用户需要使用移动式储能车，则需通过政府行政手段，发函至供电公司进行保供电，准入门槛高，流程烦琐。

三是接口多样不兼容。单一场景单一项目的专用储能车缺乏标准化的接口，输出电压与功率各不相同，使与其他设备或系统之间的兼容性较差，限制了应用范围。

行动方案

创新商业模式，实现利益相关方多渠道参与合作

国网连云港供电公司与移动储能行业协会、移动储能公司协商，提前布局需求市场，创新推行行政、代理、直营三种市场合作模式。

行政模式为最传统的移动储能应用申请模式。用户需要向政府提出申请，政府协调供电公司给用户提供保电服务，供电部门派遣储能车或联系移动储能公司租赁储能

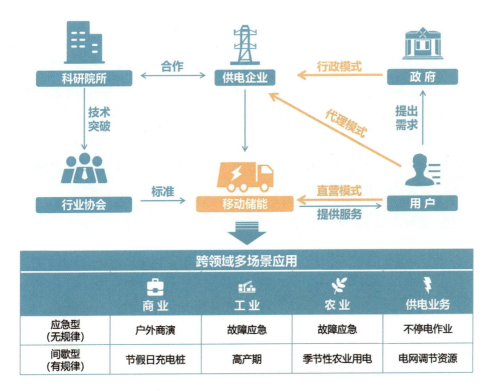

拓展移动式储能车的跨领域应用逻辑

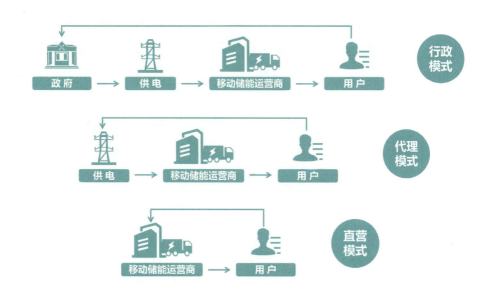

移动储能行业新模式

车完成保电任务。此模式下的申请流程较为烦琐，一般用于当地重大群体性活动、政府重大会议的保电，多为"无偿"保电。在代理模式下，用户可直接向供电部门提出需求，供电部门联系储能公司执行保电任务，在此模式下，供电公司相当于代理商，为用户提供供电保障及相应风险保险，并按百分比抽成保电费用，属于"有偿"保电。在直营模式下，用户可以直接和移动储能公司联系，移动储能公司有偿为用户提供电力保供、需求侧响应等电力服务。

移动储能合作模式的变化

2023 年 1~12 月，国网连云港供电公司联合移动储能运营商，多领域应用行政、代理、直营三种移动储能车租赁模式。其中，在重大会议、重要活动现场保电应用的传统领域，以行政模式使用移动储能车 417 辆次，同比增长 22.6%。在应急短时保障用电和间歇式规律用电两类领域，推广代理模式应用移动储能车 223 辆次，并实现逐月增长。在生产旺季、节假日服务区充电桩、季节性农业生产用电等间歇式规律用电领域，17 家企业签订两方储能保障合作协议，促成代理模式向直营模式转变。

携手规范接口标准，破解移动储能兼容难题

针对移动储能车兼容差的问题，国网连云港供电公司联合技术专家、移动储能行业协会、移动储能运营公司与政府相关部门等重要利益相关方，制定适用于各场景各类型的通用储能充电与转化接口标准，实现不同型号、不同厂家储能车之间，不同储能车储能单元之间，固定式储能与移动式储能之间的有效转化。

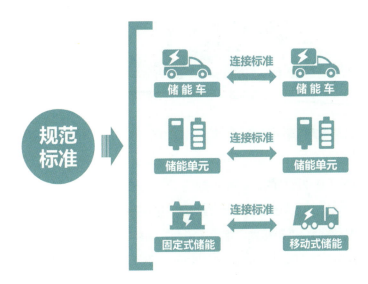

规范接口标准，破解兼容难题

制定"车—车"连接标准： 国网连云港供电公司与国网江苏电力科学研究院、兰州电源车辆研究所合作，研发出国内首创的全自动、可兼容并机并网控制器（苏电科 TK01A），整合市面上常用的储能设备接口，实现市场上不同移动储能车之间、移动储能车和用户之间的并机并联，并制定了《移动式储能方舱的控制设备和开关设备衔接标

准》。不仅降低了供电企业时间与人工成本，也让移动储能公司突破了以往单一项目、单一用户的桎梏，使储能车可以实现不同型号并联，多种场景共用，极大地提升了移动储能车的利用率。

中华药港带电作业，国内首创不停电作业发电车用上"智慧大脑"

制定"车—储能单元"连接标准：国网连云港供电公司借鉴新能源车"换电"的思路，联合技术专家、移动储能行业协会、移动储能运营公司，推行移动储能单元模块通用接口标准，将储能单元在不同型号、不同尺寸储能车之间通用，解决各型号移动储能单元串联电池容量、内阻、温度等参数不一致的问题，进一步提高储能车的利用率。

制定"固定—移动"连接标准：相比于移动式储能，固定式储能商业化运营的时间更早，发展更加全面。国网连云港供电公司联合业内技术专家及储能行业协会，将固定式储能模块与移动式储能车单元模块的接口通用技术及标准，实现了储能资源的高效率应用。

共同拓展移动储能多场景应用

经过利益相关方识别和分析，国网连云港供电公司邀请政府与行业管理委员会作为市场监督，督促各移动储能运营商严格落实《移动式电化学储能系统技术要求（GB/T 36545—2018）》，协调各方积极拓展移动式储能在商业、工业、农业及供电服务"间歇性规律用电"与"短时应急性用电"两个方面八个类型的应用场景，解决改变移动储能车由单一场景单一项目"单用"转向多元场景多维项目"多用"。

移动储能跨领域多场景应用

领域	应用场景	合作模式
商业	商演现场保电用电场景——应急性用电	行政模式、代理模式
	节假日服务区新能源充电桩用电场景——间歇性用电	直营模式
工业	厂房临时故障停电用电场景——应急性用电	代理模式、直营模式
	加工厂生产旺季电能保障用电场景——间歇性用电	直营模式
农业	养殖场临时故障停电用电场景——应急性用电	代理模式
	季节性服务植保无人机用电场景——间歇性用电	直营模式
供电业务	电网不停作业保障用电场景——应急性用电	代理模式
	需求侧响应、电能质量管理应用场景——间歇性用电	直营模式、代理模式

多重价值

经济价值

国网连云港供电公司通过拓展移动式储能车的跨领域应用，大大减少了拉线设桩投资的必要性，预计每年直接减少电网投资近 1000 万元。创新试点推行行政、代理、直营三种市场合作模式，打通间歇性用电客户、应急性用电客户与储能公司壁垒，建立移动式储能车租赁供电服务，解决多场景的临时供电需求，为不间断供电提供可能性，改善供电质量，不断优化巩固流程和制度。经测算，每年每辆移动电源作业可增加租借

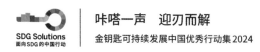
80 天，一辆电源车的收益可增加 20 万元。截至 2023 年底，运营公司在代理模式下，新增应用移动储能车 223 辆次，创造收益超 100 万元。新增代理模式商业保电订单 83 辆次，收益达 50 万元。储能车辆闲置率从"动储"商业模式开创前的 80% 大幅降至 5%。

社会价值

截至 2023 年底，储能车公司累计提供 306 次移动式储能车租赁服务，弥补了连云港地区移动储能车商业应用的空白；其中，在"五一""十一"节假日期间，储能车公司共在辖区内海州湾服务区、花果山服务区等 7 个服务区共投放移动式储能车 52 辆次，服务过境新能源汽车近千辆；新增服务大型商演活动、企业应急用电、高峰用电、供电服务等多领域应用移动储能车，累计为 100 家企业、6000 户居民临时供电约 50 小时。同时，移动储能车拓展项目获得央视新闻、新华社、《新华日报》等多家主流媒体 30 余次新闻报道和表扬，增加项目决策的透明度，优化国网连云港供电公司的管理和运营，彰显负责任的企业形象。

环境价值

随着我国"双碳"目标的提出，全社会优化能源消费结构，推广电能替代，逐步提升电气化水平，降低碳排放，传统的燃油发电机将会被逐渐淘汰。移动式储能车由于安全、便捷、经济、安静、低碳等特点，将备受市场青睐。截至 2023 年底，仅连云港地区，国网连云港供电公司租赁的移动式储能车共实现约 500 万千瓦·时供电量，减少约 4750 吨二氧化碳排放量。移动式储能运营商市场化提供租赁服务 300 余次，提供供电量约 15 万千瓦·时，减少燃油发电机紧急供电消耗 10 吨化石能源，直接减少 120 吨二氧化碳排放量。

未来展望

未来，国网连云港供电公司将继续推进产品优化。在容量与功能拓展方面，开发更高容量段的产品，满足用户长时间、大功率用电需求；增加产品功能，如集成太阳能充电板、智能控制模块等，提升用户体验；在安全性提升方面，加强电池管理系统和安全防护设计，采用防火、防爆、防漏电等措施，确保产品在各种环境下的安全运行。

应用拓展

深化现有应用场景，在户外用电、应急备灾等领域，提供更具针对性的解决方案，如为户外探险团队定制大容量储能设备，为应急救援队伍配备快速部署的移动储能方舱。

开拓新兴应用市场，关注新能源汽车充电、分布式能源存储等领域，开发与之适配的移动储能产品，如移动储能充电桩、分布式储能集装箱等。

模式优化

储能服务模式：开展移动储能设备的租赁业务，按使用时长或电量收费，降低用户使用门槛；提供储能系统的运维管理、远程监控等服务，增加用户黏性。

能源管理合作：与能源供应商、电网企业等合作，参与电力市场的峰谷套利、辅助服务等，通过优化能源配置获取收益，同时提升公司在能源领域的影响力。

三、专家点评

共享储能作为一种商业模式，具有较大的市场潜力和广阔的发展前景，但也面临交易模式不完善、运营模式不成熟等挑战。一套成熟、可推广的商业模式，打破了储能站与发电站传统的"一对一"对应关系，转向"一对 N"关系，可实现全网资源优化配置，有效提高风电、光伏利用率。

——华南理工大学电力学院教授　陈皓勇

共享储能正从试点示范逐步走向工程化、规模化、系统化和产业化，未来将迎来快速发展的黄金期。其发展的关键在于合理的价格形成机制和交易模式，需让受益主体合理分配储能成本，投资主体获得合理回报，还应根据电网需求加快调频辅助服务、电力现货市场建设，拓宽储能应用场景，实现商业化运营。

——南方电网云南电网公司三级领军专业技术专家　郑欣

（撰写人：郑伟民、曹侃、李容刚、陈振新、孙岩）

驱动变革

国网江苏省电力有限公司无锡供电公司

推动能源消费变革
为新能源汽车加速发展保驾护航

一、基本情况

公司简介

位于太湖之滨、运河之畔的国网无锡供电公司隶属国网江苏省电力有限公司，承担着为无锡经济社会发展和人民生活提供安全、经济、清洁、可持续电力供应的基本使命。截至 2023 年 12 月，国网无锡供电公司营业客户总数达 410.42 万户。无锡地区拥有 35 千伏及以上变电所 347 座，变电容量 6800.8 万千伏安，35 千伏及以上线路长度 7955.2 千米。国网无锡供电公司先后获得全国五一劳动奖状、全国文明单位、全国工人先锋号、国网公司先进集体、国家科学技术进步二等奖、全国"安康杯"竞赛优胜单位等荣誉。

行动概要

我国汽车工业正在转型升级，2024 年 7 月，我国新能源汽车月度销量首次超过传统燃油乘用车，这预示着中国汽车市场即将迎来全面新能源化的新时代。新能源汽车不仅仅是简单的交通工具，还是一个个可移动的能量单元，在用电低谷时段充电，在用电高峰时段对电网反向放电，在车主获得相应收益的同时，实现电力负荷"削峰填谷"，有力支撑配电网稳定运行，这就是国网无锡正在探索和实践的车网互动技术——V2G。

通过车网融合技术，让"车""桩""网"互动起来，以适应新能源车的规模化发展。国网无锡供电公司响应国家战略要求，率先打造全国最大、应用场景最多的"超级枢纽"——无锡车网互动验证中心（e—Park），这里有全国规模最大的 V2G 充放电系统，建有 60 千瓦直流充放电机 50 套，融合了光伏、储能电站、充电、放电四大功能系统，并建立多元能量管理系统，统一监测管理系统。

建成以来，e—Park 开展了 6 大应用场景验证、用户充放电行为分析，试点积分兑换、车桩聚合响应等多种商业手段。当越多的车主参与车网互动后，就能形成动态有效的"双向能源互动"体系，减轻电网负荷，减少电网建设投资。无锡车网互动验证中心建成后，日服务车辆 900 辆，年充电量 1296 万千瓦·时，年二氧化碳减排量为 6868.8 吨。

二、案例主体内容

背景 / 问题

近年来，在各种优惠政策的扶持和推动下，我国新能源汽车行业发展迅猛，2024 年，我国成为全球首个新能源汽车年度产量达 1000 万辆的国家。据公安部统计，截至 2023 年底，全国新能源汽车保有量达 2041 万辆。大量新能源汽车规模化无序充电一方面将使电网的负荷曲线峰谷差率扩大，给电网运行带来巨大压力；另一方面会造成局部配网台区重过载，增加电网建设投资，降低运行的可靠性和安全性。因此，推动车网互动势在必行。

每一辆新能源汽车不仅是简单的交通工具，还是一个个可移动的能量单元，在用电低谷时段充电，在用电高峰时段对电网反向放电，可以实现车主与电网之间的参与互动，这就是各方正在探索和实践的车网互动技术——V2G。通过车网互动技术，可充分发挥新能源汽车动力电池可控负荷、移动储能的灵活调节能力，根据电力系统运行需要，调整充放电的时间和功率，缓解新能源出力随机性、波动性给电网消纳带来的压力，是支撑新型能源体系和新型电力系统构建的有效手段之一。

截至 2023 年 5 月，全国范围内只有约 1000 个充电桩具有 V2G 功能，只占充电桩总量的 0.025%。制约 V2G 技术大规模推广应用的问题主要有以下几个方面。

一是建设标准不规范，车网互动技术体系和应用方案尚不成熟，关键技术标准缺失。二是电网运行要求高，新能源汽车充电的随机性、集中性，会导致在用电高峰期的时候使电网的调度压力大大增加，也许会造成电网的供电负荷超载；未成体系的零散电动汽车电源无序释放会对电网安全产生一定的冲击，无法满足电网安全稳定运行的高要求。三是商业模式不明确，配套电价和市场机制不清晰，由于 V2G 使用率和使用量较低，政府缺乏有效的信息进行电价定价和交易规则的政策制定，存在充电峰谷分时电价覆盖不全和电力交易机制不健全等情况。

行动方案

车网融合在能源转型过程中发挥着重要作用。国网无锡供电公司深入探索电动汽车储能价值，挖掘车网互动优势，助力"车能路云"（新能源汽车、新能源产业、智慧公路基础设施和云计算技术）多业态融合发展。

考虑到无锡地区电动汽车保有量快速增长和无锡局部地区电网尖峰负荷明显等问题，国网无锡供电公司依据可持续发展理念，创新建设车网互动验证中心，率先打造国内领先的车网互动示范中心，实践验证智能有序充电和充放电的"两大路径"，积极构建"场景平台、技术策略、政策市场"三大引擎，探索多方共赢的车网互动运营模式。

功能化设计，构建车网互动平台

2023 年 8 月，国网无锡供电公司建成近 1.5 万平方米国内最大的"光、充、储、放、检、换"六位一体超级示范项目——无锡车网互动验证中心。V2G 充放电区域建设了 50 套 60 千瓦的直流充放电机，最大放电功率可达 3 兆瓦，是国内规模最大的车网互动充放电系统。

国内最大的"光、充、储、放、检、换"六位一体超级示范项目

无锡车网互动验证基地充电桩

标准化支持，推动关键技术落地应用

国网无锡供电公司积极配合国网公司、中电联，深度参与有序充放电涉及的技术标准、接口标准、通信标准制修订，协助申报 IEC、ITU 等国际标准。提供标准测试场地、设备和人员，科学验证车桩通信协议等技术标准。推动充电唤醒、功率调节响应、双向充放电等一系列车端标准落地应用，指导充放电业务实施。

无锡车网互动验证基地

市场化验证，优化车网互动配套机制

2024 年 6 月 16 日，无锡车网互动验证中心成功开展全国场景最丰富的车网互动应用验证，覆盖城市快充站、公交充电站、乡村微电网、园区微电网、居住小区等五大应用场景，分析不同充电价格下车主参与有序用电、反向放电意愿；研究电动汽车反向放电价格方案、分布式光伏配储及有序接入策略，探索场站内资源聚合参与需求侧管理以及电力市场模式，为上级部门建设场站资源灵活参与电力市场的市场机制提供参考。

智能化管理，实现多模式可调可控

项目建设多元能量管理系统，集成光伏监控子模块、储能监控模块、配电系统监控模块、充电系统监控模块、充电设施智能运维模块、智慧路灯控制模块、能源协同控制模块和有序充电模块平台，并与外部相关系统进行互联，保障充电站高效运营，能源协调控制。

e-park 全部负荷均接入无锡市虚拟电厂平台，可通过参与需求响应、电力辅助服务等市场化交易场景，削峰填谷、减小电网波动，助力新型电力系统建设。

无锡车网互动验证基地光伏车棚

商业化运营，保障项目经济效益

为了让车网互动呈现清晰的商业模式，国网无锡供电公司开展了用户充放电行为分析，通过积分兑换、车桩聚合响应等多种商业手段，做好充放电数据积累和价格机制验证，推动无锡市出台了全国首个 V2G 运营补贴政策，国家发展和改革委价格司亲赴现场考察调研。

2023 年 8 月 23 日，无锡车网互动验证中心完成了全国规模最大的车网互动实用验证，在 30 分钟里，50 辆新能源车通过接入 V2G 充电桩，在用电尖峰时刻向电网反向充电。此次反向送电量规模达 3150 千瓦·时，相当于 400 多个家庭一天的用电量。目前，无锡电动汽车保有量为 10.57 万辆，即使只有 1/5 的电车参与进来，也能为无锡贡献电量 80 万千瓦·时，相当于凭空多了 2 个小型发电厂。

车辆进入无锡车网互动验证基地

来示范区体验的朱先生感受了一次新能源车主躺着就能赚钱的快乐。他的车载电池容量为 60 千瓦·时，当天共放电 40 千瓦·时。按照约定，国网无锡供电公司为其发放 3 倍积分，可兑换 120 千瓦·时电量，以当日电费为 1.2 元 / 千瓦·时计算，相当于赚了 96 元钱。

多重价值

经济价值

截至 2024 年 7 月底，无锡地区新能源汽车保有量已达 23.2 万辆，充电负荷达 26.7

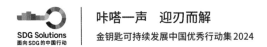

万千瓦。如果其中 10% 的车主愿意参与反向放电，可为电网削峰填谷提供超 2.32 万千瓦响应能力，将有力支撑新型能源体系和新型电力系统构建。据测算，2035 年前，全国电动汽车为电力系统提供的移动储能调节能力，可节约电力投资约 1 万亿元。

项目建设和运营商可获得直接的投资回报，破解公共充电运营商经营管理困境。同时，新能源汽车车主作为反向充电的"售电方"，可以获得相应的收益，降低新能源汽车的使用成本；新能源汽车生产商可以获得更大的新能源汽车市场空间，提高规模经济效益；电网企业可以在少增容或不增容的情况下保障高质量、不间断的电力供应，减少投资成本；项目建设还提升了闲置土地价值。

社会价值

国网无锡供电公司的举措，将车网之间能量的双向流动变成了现实，为我国尽早实现车网互动规模化产业化发展创建了"示范样板"，并有效促进了国家发展和改革委《关于推动车网互动规模化应用试点工作的通知》的出台。

中央电视台的《东方时空》《朝闻天下》《新闻直播间》等栏目深度报道了国网无锡供电公司车网互动技术应用情况。项目还入选了 2024 年 8 月 29 日国务院新闻办公室发布的《中国的能源转型白皮书》。

环境价值

无锡车网互动验证中心建成后日服务车辆 900 辆，按每辆车日均行驶 200 千米，耗电量 0.2 千瓦·时 / 千米测算，年充电量 1296 万千瓦·时，年二氧化碳减排量为 6868.8 吨。光伏车棚年均减排二氧化碳 873 吨。同时，将进一步推进新能源汽车行业技术进步和推广应用，刺激新能源汽车的销售，推进交通领域清洁低碳转型。

未来展望

2024 年 9 月，国家发展和改革委办公厅等部门发布的《关于推动车网互动规模化应用试点工作的通知》提出，按照"创新引导、先行先试"原则，以 V2G 项目为主体探索技术先进、模式清晰、可复制推广的商业模式，力争以市场化机制引导车网互动规模化发展。

目前，无锡车网互动示范区二期工程正在全力建设中，落成后会增加超级充电、移动充电等元素，可一次性满足 144 台车的充电需求、50 台车的放电需求、400 台车的换电需求，整体兼顾日常对外开放、与电网实时互动及科研认证等多种功能需求。在这里，一块电池将被使用到极致，无论是日历周期还是循环次数，在不同维度下其价值都将被充分挖掘，为"双碳"目标作出贡献。

　　未来，国网无锡供电公司将持续推动能源消费革命，充分发挥自身技术优势，在这个充满机遇和挑战的时代里阔步前行。

三、专家点评

　　加快新能源汽车推广应用是推进交通领域清洁低碳转型、落实"双碳"目标的重要举措。新能源汽车保有量持续提升，新型电力系统需要全方位考虑其与电力系统融合发展的问题。国网无锡供电公司率先打造国内领先的车网互动示范中心，将车网之间能量的双向流动变成了现实，为我国尽早实现车网互动规模化产业化发展创建了"示范样板"。国网无锡供电公司推动能源消费变革、为新能源汽车加速发展保驾护航的实践案例，彰显了该公司在可持续发展领域的贡献，也巩固了其在推动能源转型和创新方面的领先地位。

——可持续发展经济导刊社长兼主编　于志宏

（撰写人：邱辛泰、王晗卿）

国家电网
STATE GRID
国网宁夏电力有限公司电力科学研究院
STATE GRID NINGXIA ELECTRIC POWER TECHICAL RESEARCH INSTITUTE

国网宁夏电力有限公司电力科学研究院
能源"宁聚力"
——省域虚拟电厂运营管理平台行动案例

一、基本情况

公司简介

国网宁夏电力有限公司电力科学研究院（以下简称国网宁夏电科院），是国网宁夏电力有限公司直属科技研发和技术支撑单位，负责为国网宁夏电力有限公司提供技术支撑、监督、咨询和故障诊断，开展科技情报收集和更新，开展技术试验验证和技术认证业务，完善技术标准体系。

国网宁夏电科院发挥科技创新主阵地作用，开展管理创新、技术变革，提升发展韧性，驱动传统电力系统的变革与能源转型。充分依托劳模创新工作室、自治区重点实验室等平台资源，围绕高比例新能源电力系统、运检技术、电网安全及电测量技术支撑工作等重点领域，开展创新交流与技术攻关，解决电网运行过程中的实际问题，取得了显著的成效。

行动概要

在新型电力系统及"双碳"背景下，新能源消纳难度高、电力保供压力大等一系列问题日益凸显，虚拟电厂作为一种适应新型电力系统建设、能源低碳转型趋势的技术和商业模式，可以有效提升电力系统调节和安全保供能力。通过引入市场化机制，让用户主动改变自己的用电方式和用电行为，切实推动"源随荷动"向"源网荷储互动"转变。国网宁夏电科院在完成虚拟电厂常态化建设的基础上,充分考虑虚拟电厂聚合商的需求,创新性设计了省域虚拟电厂运营管理平台,包含虚拟电厂管理平台和聚合运营系统,实现对虚拟电厂的统一注册、统一管理、统一调用。虚拟电厂管理平台负责提供数据报送、申报代理、检测仿真等服务,实现虚拟电厂的标准化准入及管理;聚合运营系统则具备资源聚合调控、市场交易等功能,创新设计结算套餐,帮助虚拟电厂聚合商实现更规范地接入、更有效地管理和更便捷地结算,构建了虚拟电厂全场景应用的技术保障体系和多层次、全要素的虚拟电厂建设运营服务体系。通过深化虚拟电厂建设与运营,充分发挥电网资源优势,推动宁夏虚拟电厂快速进入商业化运营阶段,着力打造源网荷储互动可借鉴、可复制的样板工程。

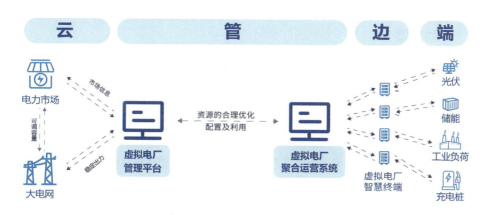

基于云管边端的省域虚拟电厂运营管理平台

二、案例主体内容

背景 / 问题

随着新能源装机占比不断提高,其间歇性、随机性、波动性特点使电力系统调节更加困难,系统的平衡和安全问题更加突出,亟待通过虚拟电厂等新兴主体深度挖掘可控负荷、储能等需求侧资源,以提升系统灵活性和新能源消纳能力,但在虚拟电厂建设运营过程中仍存在以下问题。

一是虚拟电厂运营管理体系存在不足。虚拟电厂资格审核、调节能力评估、接入测试等环节工作标准流程尚未完善,导致虚拟电厂运营效率不高。相关专业在虚拟电厂常态化参与市场运营过程中的职责分工不够明确，协同不足，未能实现虚拟电厂建设与运营的标准化管理。

二是虚拟电厂参与市场机制仍需完善。目前虚拟电厂的相关政策尚未完善，虚拟电厂市场定位、市场准入和发展路线不明确，参与省内辅助服务市场规模小、品种少，与中长期市场衔接机制不完善，参与间辅助服务市场和现货市场的机制不明确，难以体现虚拟电厂价值，不利于虚拟电厂规模化、常态化参与市场运营。

三是虚拟电厂关键技术创新有待突破。虚拟电厂在参与电网调节的分级分层调控策略、不同时空的各类需求侧资源协调互补、调节响应能力及调节效果评估、核心装备研发应用等关键技术研发方面仍需进一步技术攻关，还未建立完善的技术标准体系，制约虚拟电厂标准化、智能化发展。

行动方案

高质量建设省级虚拟电厂示范工程

一是在国内首创基于仿真与检测一体化的标准接入体系，构建虚拟电厂向上接入绿色通道。创新性搭建多元市场交易仿真推演模型，实现虚拟电厂市场交易事件全流程的准确预估推演和多元资源调节模拟仿真，为市场、政策、管理体制的研究提供决策支持，提出多类型灵活资源动态聚合响应能力评估方法，制定多维度量化检测标准，推动虚拟电厂接入体系化、标准化。

二是通过行业先进的多元异构管理技术，助力系统运营决策管理能力提升。包括：基线统一管理技术，建立基线综合管理模块，综合展示和管理虚拟电厂代理用户的基线数据，全面掌握代理用户参与市场交易情况，便于基线统一核对、管理及调整，确保基线基准日的准确性和可靠性；精准负荷预测技术，通过采用先进的人工神经网络、时间序列分析等算法，对代理用户聚合资源的运行特性、生产特性和实际响应能力数据进行分析、评估，实现对次日负荷运行情况的精准预测分析，辅助用户开展交易及调控决策；分层分级协调控制技术，根据不同资源负荷调节特性，按照不同资源类型、时间尺度，构建分层分级协调控制体系，为满足不同的虚拟电厂协同互动需求和多样化的电网调控业务场景打下坚实基础。

三是以用户为中心设计两类四种费用结算套餐，向下打通交易链，规范市场运行。按照四种套餐的约定内容，电网企业财务部门负责结算运营商费用，聚合用户费用以电费形式结算发放，简化两级结算的复杂性，规范市场服务流程和结算模式，打通虚拟电厂结算"最后一千米"。

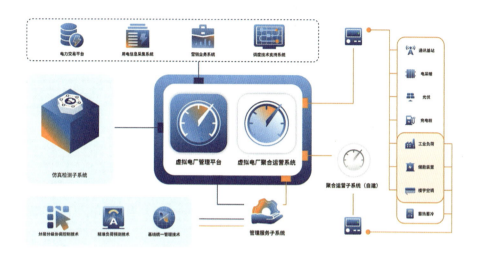

省域虚拟电厂运营管理平台总体架构

建立健全政策保障体系

一是明确建设标准。 促请宁夏回族自治区发展和改革委员会印发了虚拟电厂建设方案和并网运行技术规范，明确虚拟电厂建设内容、建设要求和并网运行技术条件，保障虚拟电厂建设质量。

二是规范运营管理。 推动国家能源局西北监管局和宁夏回族自治区发展和改革委员会联合印发了《虚拟电厂运营管理细则》，细化了政府、监管部门、市场组织机构、电网企业和虚拟电厂运营商职责，明确了虚拟电厂建设及接入流程，规范了虚拟电厂建设接入、交易运行、结算评价等各环节业务开展。

三是建立市场机制。 促请宁夏回族自治区发展和改革委员会和宁夏回族自治区电力市场管理委员会分别印发了需求响应优化实施方案、辅助服务运营实施细则等政策，支持虚拟电厂参与现货及中长期电力市场、辅助服务市场和需求响应，为培育虚拟电厂新业态创造了良好的政策环境。

全力做好接入服务

国网宁夏电科院以支撑电网、服务用户为目标，丰富完善新型电力负荷管理系统功

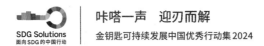
能，支持虚拟电厂开展聚合资源的全接入、全监测、全管理、全方位服务，经宁夏回族自治区发展和改革委员会授权，开展虚拟电厂资格审核及接入测试相关工作。严格按照虚拟电厂接入流程，利用虚拟电厂管理平台开展可调节能力评估工作，对其调节容量、调节精度、调节速率、响应时间和持续时间进行性能测试，完成 10 家虚拟电厂准入资质审核和能力校核并接入虚拟电厂管理平台，常态化开展数据分析、日常运营管理，保障虚拟电厂参与辅助服务市场、需求响应等申报、出清、结算业务正常开展，同时针对虚拟电厂参与市场的执行效果进行全过程管控，为虚拟电厂市场运营提供执行效果评估、结算数据校核与认定服务。

加快科研技术攻关

国网宁夏电科院积极承担国网公司、中国工程院战略咨询中心、天津市自然科学基金等虚拟电厂相关科研项目，筹划源网荷储和多能互补一体化项目、绿电园区示范项目并纳入省级能源电力规划，初步形成了互利共赢的良好局面。积极推动虚拟电厂地方标准制定，联合虚拟电厂领域相关企业高校、科研机构等，围绕虚拟电厂并网运行协调优化与控制、安全防护、终端检测等方面开展技术标准研究，服务虚拟电厂技术标准体系化建设。

多重价值

省域虚拟电厂运营管理平台项目不仅驱动了传统电力系统的变革，还为西部地区普遍存在的电网供需不平衡与新能源消纳难题，提供了可复制、可推广的解决方案。虚拟电厂建设成效主要分为以下六个方面：

减少电力保供及投资成本。 宁夏虚拟电厂上线试运行后，目前宁夏虚拟电厂聚合资源可增加系统调节能力 374.25 万千瓦，相当于 6 台 600 兆瓦火电机组或 18 座 200 兆瓦的储能电站，节省建设投资约 180 亿元，利用虚拟电厂聚合资源以市场化形式参与电网调节，有效促进了电网平衡，降低保供成本，间接推动和保障了区内电动汽车、储能等新兴产业和工业经济快速增长。同时，以较小成本来解决电力供需存在的峰谷差大、局部电力供应紧张等一系列问题，是可持续绿色低碳发展的有效途径，有着重大的经济效益和社会效益。

有效提升安全保供能力。 虚拟电厂管理平台接入 10 家虚拟电厂，聚合了冶金、化工、机械制造等 16 类 765 户用户，增加宁夏电网调节能力 374.25 万千瓦，提升了宁夏电网供电可靠性。

加快"双碳"目标实现。虚拟电厂通过参与辅助服务市场和需求响应，尤其是在调峰（填谷）矛盾凸显时，可快速调节低谷负荷，2023 年 10 月以来，宁夏虚拟电厂已累计参与调峰辅助服务市场 135 次，增加新能源消纳电量 5793 万千瓦·时，等效节约标准煤约 1.8 万吨，减少二氧化碳排放约 4.59 万吨。

挖掘用户侧资源价值。以客户为中心，鼓励大工业用户、发电商、负荷聚合商、售电商、业务运营商等相关企业参与价值创造，有助于拓宽用户收益渠道、减少购电支出，带动虚拟电厂上下游产业链共同发展，激发市场各方活力，实现了新兴业务的共享拓展，提高全社会经济效益。

推动地方标准制定。国网宁夏电科院牵头制定了地方标准——《虚拟电厂并网运行技术规范》，规定了虚拟电厂并网运行的功能、性能、数据接入、网络安全和信息交互等方面的技术要求，为各类虚拟电厂接入自治区虚拟电厂管理平台提出了统一的技术要求。

推动创新技术示范。省域虚拟电厂运营管理平台项目入选国家电网公司"源网荷储互动"百佳示范培育工程和新型电力系统标杆示范，多次获得宁夏回族自治区政府和国网公司主要领导批示肯定，有力地支撑了电力保供和能源转型。中国电机工程学会组织对宁夏虚拟电厂应用项目"省级现货市场下虚拟电厂调控、运营与服务关键技术及应用"进行技术鉴定，王成山院士等鉴定委员会专家一致认为新成果整体达到了国际领先水平。团队充分发挥新闻宣传主阵地作用，围绕打造自治区虚拟电厂示范工程样板主题，在新华网、中国电力报、学习强国、宁夏电视台、国网每日要情等媒体发布相关新闻稿件 30 余篇，同时在第七届数字中国建设峰会、第六届"清洁能源发展与消纳"高峰论坛、新型电力系统技术论坛等重大活动中，广泛开展示范宣传，引导全社会优势资源和技术向虚拟电厂领域聚集，推动自治区虚拟电厂规模化 高质量发展。

未来展望

未来，国网宁夏电科院将以积极落实国家可持续发展战略、响应联合国 2030 年可持续发展议程为己任，继续发展和培育"迎刃而解"的优秀行动方案，汇聚促进可持续发展的动力，深化"金钥匙"行动，让可持续发展理念和行动深入人心，更好地讲述和分享公司在可持续发展行动的故事和经验，在服务国家"双碳"战略落地、驱动新技术变革等方面积极贡献电力智慧。

三、专家点评

国网宁夏电力结合自身实际，充分发挥了省域电网的资源优势及其特点，在虚拟电厂的建设、政策出台、技术创新、运营体系上全面发力，为电力保供和新能源消纳提供了有力的支撑。

虚拟电厂运营管理平台建设展现出了显著的创新性和先进性。结合良好的政策环境和市场环境，有力地推动了虚拟电厂在宁夏的快速发展和广泛应用，其成熟的技术架构，在全国范围内具备可复制、可推广性。随着技术的不断进步和市场的不断完善，虚拟电厂在宁夏的应用前景将更加广阔，有望在能源转型和高质量发展方面发挥更加重要的作用。

同时，也需要继续关注并解决虚拟电厂建设中存在的问题和面临的挑战，以推动虚拟电厂在宁夏的持续发展和广泛应用。

——南瑞集团电网调控技术分公司智慧能源部经理 谢丽荣

（撰写人：王放、尹亮、李旭涛、杨慧彪）

优质教育

国网杭州市萧山区供电公司、国网玉树供电公司、浙江大有集团有限公司

点亮玉树

—— "新能源 + 新教育" 生态赋能工程

一、基本情况

公司简介

国网杭州市萧山区供电公司作为浙江省电网规模位居首位的县级供电企业，积极践行社会责任，致力于可持续发展生态的引领示范。以杭州亚运会为契机，通过大型活动可持续性管理体系认证，获评联合国可持续发展目标（SDGs）先锋企业，并通过社会责任根植项目的实施，推动社会责任与业务的深度融合。国网杭州市萧山区供电公司积极响应国家"双碳"目标，加快能源转型步伐，创新打造"双碳大脑""千瓦可控、度电可调"低碳园区等示范项目，始终牢记"电等发展"殷切嘱托，秉持"三先三实、勇立潮头"的精神导向，在建设新型电力系统与新型能源体系的进程中，争当中国式现代化电力发展全省排头兵。

行动概要

2010 年，青海玉树地震，当地有近 70% 学校缺乏电力供应，2 万余名孩子缺少现代化教育资源，这一问题引起了社会各界的关注。2011 年，国网杭州市萧山区供电公司团委发起的"点亮玉树"项目，旨在尽快消灭玉树无电学校。

14 年来，经过社会各界的努力，玉树实现了校校有电，然而当地教育资源、教育质量与东部沿海地区相比仍有较大的差距。"点亮玉树"公益项目聚焦"为高原美丽生态充电 为孩子美好未来赋能"，致力于建设高原"绿电学校"，构建"新能源＋新教育"可持续发展模式。具体通过援建光伏、师资培训、空中课堂、有氧图书馆等系列举措，发动多方参与，众筹多方资源，实现打造以电为圆心的"五有"（有电可用、有学可上、有衣可穿、有饭可吃、有药可医）生态圈，从而推动高原地区教育资源的均衡提升。

14年来，"点亮玉树"公益项目累计援建13座无电学校光伏电站，帮助玉树实现"校校有电"，师资培训覆盖教师828名，在24所学校、58个教室布点空中课堂，志愿服务共惠及师生31000余名。入选国务院扶贫办2020志愿者扶贫50佳案例，获得第八届中国公益慈善项目大赛金奖、第四届中国青年志愿服务项目大赛全国赛金奖等荣誉，被中央电视台《新闻联播》、新华社、《人民日报》等200余家权威媒体报道。

二、案例主体内容

背景／问题

2010年，受地震的影响，青海玉树近70%学校无电，2万余名孩子教育资源匮乏。14年来，通过当地政府及以"点亮玉树"团队为代表的社会各界的共同努力，玉树已经实现校校有电，教育条件有了明显改善。然而，经过长时间的现场调研，当地的教育资源、教学质量依然与东部沿海地区相比仍有较大的差距，通过建立问题树分析原因如下：

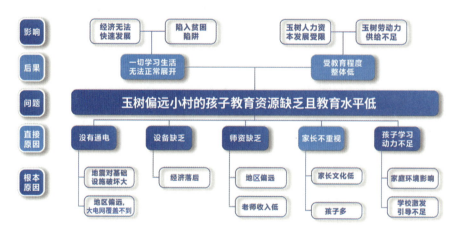

项目问题树模型

基础设施相对落后。玉树平均海拔近 4500 米，地域偏远，空气稀薄，经济发展缓慢，学校普遍缺少图书馆、医疗室等硬件设施，学生普遍缺少书籍、文具和体育用品。此外，校舍普遍为震后各地援建，十余年过去了，内部设施和教学设备陈旧，亟须一个一揽子配套公益服务方案，来解决学校、师生面临的诸多问题。

教育质量相对较低。玉树小学高年级孩子的汉字拼写能力十分不理想。高原学校师资匮乏，根据调研，玉树平均师生比仅为 1∶24.2，即一个老师需要教育 24.2 个孩子，而全国平均水平是 16.85，在偏远小村这一比例甚至小于 1∶30。此外，相对于沿海发达地区，高原地区教育内容较为单一，素质教育内容偏少，家庭、学生对教育的重视程度整体偏低，使学生的学习主观能动性较弱。

行动方案

针对问题，"点亮玉树"公益团队提出探索构建一套适合高原的"新能源＋新教育"绿电学校可持续发展模式。其中，新能源包括建设光伏电站和并网光伏电站，在提升教学条件的同时为新教育提供能源供应和资金支持。新教育包括打造空中课堂、建设有氧图书馆、开展绿电探访营、培养生态小讲师等，在提升教学质量的同时，通过生态实践倡导绿色低碳理念。

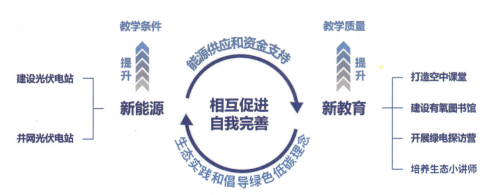

"新能源＋新教育"绿电学校可持续发展模式

目前，通过实施过程中的不断探索与实践，本项目已逐步实现运作机制的四个深刻转变，极大提升了项目执行效率与影响力：一是从离散项目向精准帮扶转变；二是从短期捐赠向长期帮扶转变；三是从单边参与向战略平台转变；四是从条块管理向集约管理转变，从而提升了项目精益管理能力。

"点亮玉树"帮扶机制的"四大转变"

以电为起点，援建一批光伏电站

"点亮玉树"公益项目充分发挥电网企业在"新能源"领域的专业优势与技术专长，利用高原日照充足等特点，为玉树村小援建了 13 座光伏电站，帮助玉树实现了校校有电。

光伏项目不仅提供了清洁能源供应，还为学校提供了重要的资金支持，每年可为学校节约电费 10 万元，光伏并网后，学校还能获得额外的阳光收益，逐渐由"输血"向"造血"转变，实现以新能源推动新教育发展，以新教育促进新能源传播，是光伏帮扶的一次生动实践。

以电为纽带，实施一批众筹计划

本项目发挥中央企业平台纽带作用，聚焦玉树师生的各类需求，开展各类众筹活动，打造以国有企业为中心的众筹志愿树，为新教育提供可靠的资源保障。

团队联合浙江省中小学名师名校长工作站、玉树藏族自治州教育局、公益机构、企业、学校等组织，围绕有学可上、有衣可穿、有饭可吃、有药可医、有电可用五个方面，广泛实施送教计划、育英计划、营养计划、心愿计划、有氧计划、净水计划、冬衣计划等子项目，形成多方众筹、合作共建的可持续行动方案，激发滚雪球效应。

以送教计划为例，本项目联合浙江省教育厅，成立了浙江省中小学名师名校长工作站玉树分站，开展"送教进玉树"活动，覆盖玉树 3 所初中、13 所小学和 15 所幼儿园的 852 名教师，促进浙江、玉树两地师资对口交流。

以电为载体，提供一批教学阵地

本项目围绕改善高原教育质量，建设了一批集制氧、供暖、多媒体于一体的有氧图

以国有企业为中心的众筹志愿树

书馆，为"新教育"提供了优质教学阵地，图书馆可根据学校要求因地制宜定制固定式、移动式等各类形态。

依托有氧图书馆，项目广泛开展"空中课堂"，为"新教育"提供优质教学课程。目前已覆盖玉树23所学校，通过互联网教育把浙江省的优质课程通过互联网源源不断地输送到高原，填补了偏远学校师资严重不足的问题。

以电为翅膀，培养一批生态讲师

本项目围绕绿色低碳理念，依托 VR 绿电学校、绿色探访营、绿色空中课堂等载体，为"新教育"提供先进的素质教育理念。

项目建立了"绿电学校"生态课程体系，累计培养生态小讲师40余名，帮助孩子增强学习积极性和生态使命感。在2023年"六一"儿童节，邀请玉树师生赴杭州参与"绿电亚运探访营"，开展教育交流研学、绿电亚运探访、六一游园等活动，不仅促进了东西部教育的交流，在孩子们的心中也种下了绿色低碳的种子。

多重价值

十年如一日，助力玉树共同致富。"点亮玉树"公益项目被列入国网公益基金会重点项目，14年来项目累计援建13座光伏电站，帮助玉树实现了"校校有电"，并进一步

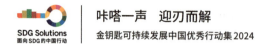
投入软性教育资源，包括开展 828 名高原师资培训、在 24 所学校 58 个教室布点"空中课堂"。项目共计惠及师生 31000 余名。

生态赋能，深植绿色低碳理念。三江之源，中华水塔，生态系统丰富多样但也十分脆弱。高原"绿电学校"通过开展绿色探访营、建设生态教育基地、培养生态讲师等一系列举措，让高原孩子会讲生态故事，实现低碳理念在雪域高原广泛传播。

载誉前行，提升志愿品牌影响。2010~2024 年，从点亮玉树县下拉秀乡曲新村小的第一盏灯开始，沿着发起、推广、合作、深化的路径，从品牌打造和公益运作两个维度，不断升级、完善"点亮玉树"志愿项目，培育出了一个"可复制、共生长、内传导"的"品牌策划 + 公益行动"双链 DNA 公益品牌培育模型。项目入选国务院扶贫办"2020 年志愿者扶贫 50 佳"案例，获第八届中国公益慈善项目大赛金奖、第四届中国青年志愿服务项目大赛全国赛金奖，第五届全国品牌故事大赛一等奖等荣誉。项目曾入选全球公益领袖联盟"哈佛种子社区"，获哈佛大学教授、时任奥巴马总统运营竞聘官 Marshall Ganz 的高度肯定。

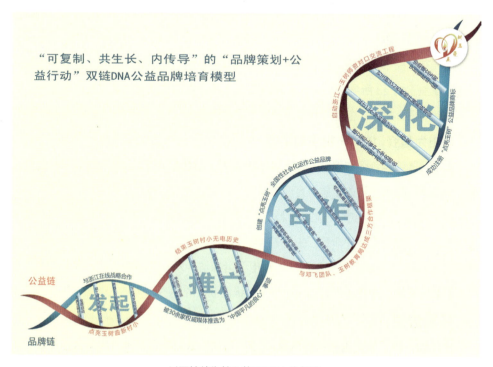

以可持续为核心的双 DNA 生长链

外部评价

玉树市教育局相关负责人： 感谢国家电网"点亮玉树"行动十多年的坚持，送光明送教育，给了玉树孩子更多的希望。通了电，有了灯，我们就可以使用先进的教学设备。

玉树扎芒村小校长巴扎： 电，圆了孩子们的一个梦。

学生索南卓玛： 我至今都忘不了帐篷教室里那盏你们点亮的电灯，更忘不了那次快乐的杭州之行，虽然十多年过去了，见过各种漂亮的灯，但只有那盏灯让我感觉最温暖、最亲切。

浙江中小学教师培训中心主任刘力： 接到萧山电力公司的邀请之后，我们很高兴能和他们一起肩负着社会责任感，参加这样一次"点亮玉树"公益活动。

杭州云谷幼儿园园长蔡伟玲： 从 2013 年到现在，我常常会想起那些老师和孩子，现在我高兴地知道，玉树每一所校园的灯都被点亮了。

未来展望

"点亮玉树"公益项目将贯彻党的二十届三中全会精神，持续扩大"点亮玉树"志愿服务品牌影响力，持续打造好"公益＋品牌"双 DNA 螺旋链。

在新能源方面， 一是以电为起点，建设"绿电学校"。针对现有的光伏电站，开展情况排摸和定期运维。持续援建光伏电站，试点建设"绿电学校"。由"零碳"工程师出台学校节能减碳行动方案，推进体系标准建设。二是以电为纽带，壮大"公益联盟"。持续壮大公益联盟成员，赋能"五有"全面升级为"五好"生态圈，进一步开展校服计划、净水计划、电脑捐赠、心愿计划等子项目。

在新教育方面， 一是以电为载体，扩展"教学阵地"。拓展"绿电兔"漂流驿站建设计划，升级"有氧图书馆"。结合浙江、青海两省能源匹配现状，依托"空中课堂"，开展以绿色低碳为主题的生态教育、科普教育、安全教育、拓展教育。联合东部地区学校、社会组织，组织主题研学活动，广泛开展两地教育协作和师资培训。二是以电为翅膀，培养"生态讲师"。中华水塔，三江之源。立足玉树新能源禀赋优势，切实将能源优势转化为生态教育优势。通过开展涵盖微视频制作、宣讲技巧等主题的技能培训，培

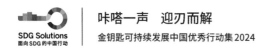

养高原生态小讲师，组建由"00"后西部孩子组成的"绿电兔"低碳宣讲团。推荐表现突出的小讲师参与各级宣讲大赛，让生态保护、绿色低碳的声音传得更远。

三、专家点评

"点亮玉树"公益项目精准定位玉树地区教育与民生需求，通过14年的持续努力，成功为青海玉树地区的学校解决了用电问题，并在此基础上进一步拓展了帮扶范围，为当地学生创造了更加优越的学习环境和生活环境。项目实施不仅体现了对玉树地区教育事业的深切关怀，也彰显了社会各界对高原生态和儿童未来的高度重视。此外，通过"互联网＋公益"的创新模式，项目也实现了资源的有效整合和优化配置，提高了公益活动的效率和影响力，其成功经验值得更多公益项目借鉴，也为未来公益事业的发展提供了有益启示。

——中国企业联合会管理现代化工作委员会专家、责扬天下联席总裁　管竹笋

（撰写人：高瑾、孙远、朱小炜、邹焱）

优质教育

国网福建省电力有限公司厦门供电公司

"E 堂好课"

—— 为弱势群体撑起"安全伞"

一、基本情况

公司简介

国网福建省电力有限公司厦门供电公司（以下简称国网厦门供电公司）成立于 1979 年，是国家电网公司辖区内唯一服务特区的大型重点供电企业，服务供电客户 177 万户。厦门电网全口径供电可靠率为 99.9951%，连续五年居全国 50 个主要城市第一梯队；"获得电力"指标连续五年居福建省第一；厦门是福建省唯一新型电力系统市级示范区。国网厦门供电公司始终践行"人民电业为人民"的企业宗旨，立足于供电公司自身角色定位，在电网建设、供电服务、综合能源、绿色金融等方面，有效管理自身决策和活动对利益相关方、社会和环境的影响，共同推进可持续发展，追求经济、社会和环境的综合价值最大化。

行动概要

在日常生活中，缺乏安全用电知识导致的触电伤害事件时有发生，这些事件小则影响正常生活秩序，大则危及生命安全，特别是对于儿童、老人等弱势群体而言，安全用电知识更是亟须普及。

在这样的背景下，为帮助儿童等弱势群体提升安全用电及自我保护意识，国网厦门供电公司发挥国家电网专业优势，聚焦品牌化、规范化、联动化打造"电力爱心课堂"特色品牌，为弱势群体设计开展电力爱心志愿延伸服务。自 2014 年至今，国网厦门供电公司通过"1 个网格""2个结合""3 类人群"的"123"体系，不断拓展"电力爱心课堂"的提供主体、应用场景和覆盖群体，巧妙推动"电力爱心课堂"在用电用能上实现包容、公平、可持续的全民优质教育。

二、案例主体内容

背景 / 问题

缺乏安全用电常识导致的触电伤亡事故在我国少年儿童群体中时有发生，尤其是5~14 岁儿童。该年龄段处于学校和家庭的过渡期，安全意识相对薄弱，且部分家庭、学校和公共场所的安全设施不完善、监管不力等，开展用电安全知识教育的需求十分迫切。

国网厦门供电公司积极响应中共中央、国务院关于健全志愿服务体系的号召，围绕这一需求打造富有电网企业特色的志愿服务项目"电力爱心课堂"，组织光明志愿服务队常态化走进全市中小学校园开展公益授课。但在多年的项目推进过程中，发现阻碍电力安全知识普及的原因有以下三点。

一是形式内容参差不齐，课堂效果不够好。"电力爱心课堂"的课程内容、形式设计较简单，授课方式比较单调，课堂效果反馈不好。

二是老师服务经验短缺，教学质量不够高。"电力爱心课堂"由单位内部的不同部门各自开展，培训零散，志愿人员也不固定，效果较难持续，且缺乏统一规划和集中管理。

三是服务参与主体单一，面向群体不够多。以往仅仅依托供电公司单打独斗，资源分散不集约，同时课堂只考虑面向学生，覆盖面窄。

行动方案

针对项目实施中面临的难题，国网厦门供电公司聚焦品牌化、规范化、联动化打造"电力爱心课堂"特色品牌，并发挥电网企业的所长，用"1 个网格""2 个结合""3类人群"的"123"体系巧妙推动"电力爱心课堂"在用电用能上实现包容、公平、可持续的全民优质教育。

打造"电力爱心课堂"特色公益品牌

一是聚焦品牌化，联合开发"1+5"课程，打造"电力爱心课堂"品牌。联合厦门市教育、卫生、应急部门共同研究开发以安全用电主题为主，以"科学常识、清洁能源、

国网厦门供电公司编写的《电力爱心课堂》读物

紧急救护、课外实践、文化宣讲"五大主题为辅的"1+5"课程体系，以动画、实验等多元化形式调动课堂氛围，在厦门统一形式、统一内容、统一组织"电力爱心课堂"，更精准地提升课堂教育效果。

二是聚焦规范化、专业化讲师团队，规范化平台管理。依托光明志愿服务队和国家电网福建电力"双满意"（厦门特区）共产党员服务队，对讲师队伍开展专业培训，制定"电力爱心课堂"实施方案及配套细则，建立任务清单和成效清单"两本账"，并依托"志愿汇""志愿厦门""爱心厦电"等平台实现规范化管理，更高效地提高教学质量。

三是聚焦联动化，联创共建扩大朋友圈，走进社区扩大覆盖面。积极拓展"电力爱心课堂"的朋友圈，联动 30 余家政府部门、企事业单位探索合作，与思明区城市义工协会、翔安区 92580 志愿联盟等社会组织开展共建，推动单一的"光明志愿服务队"发展为优势互补的"光明志愿服务联盟"，让"电力爱心课堂"走进学校、社区等不同场所，延伸服务空巢老人等弱势群体，更有效地扩大服务群体覆盖面。

打造"电力爱心课堂"的"123"体系

"1 个网格"：网格化。发挥电力网格服务入户的优势，深度融合厦门市 257 个网格化用电服务区，构建"横向到边、纵向到底、广泛布点"志愿服务组织网络，网格负责人结合区域弱势群体类型特点定制个性化课程内容，更精准服务课堂需求。

"2 个结合"：引进来和走出去、线上和线下相结合。其中，引进来指的是利用变电站、供电所、不停电中心等内部场所搭建资源，组织"大朋友、小朋友"加入学习互动，更直观感受"每一度电"的不易；走出去指的是受邀参加厦门市教育、应急系统组织的志愿服务，并为青海哈萨克族马海小学送去"暖冬一课"。线上包括在新时代文明实践中心发布"电力爱心课堂"视频，打造可移动的课堂；线下则包括在电力营业厅等公共场所

国网厦门供电公司"光明志愿行 电靓开学季"电力爱心课堂志愿服务

设置主题宣传折页，在人流密集公共场合组织志愿者宣导、线下传播电力知识、文明理念。

"3 类人群"：老人、本地学生、非本地学生。因地制宜、分类施策，分众化设计"电力爱心课堂"读物和小实验，差异化开展爱心延伸服务。对老年人等弱势群体，结合他们的生活需要，定制日常生活安全用电、阶梯电价等内容；对厦门本地学生，在每年的开学季，常态化组织 10 支志愿分队走进校园，打造"电力爱心课堂·安全第一课"志愿服务；对非本地学生，利用暑假邀请上杭溪口电力希望小学结对帮扶学生来厦门参与"电力爱心课堂蓝海豚之旅活动"，深化两地"山海协作"关系，关心关爱少年儿童的成长与发展。

多重价值

通过打造可复制、可推广的"电力爱心课堂"模板，安全用电、节能环保等知识普及效果更好、质量更高，面向的群体更多，同时实现了多种价值的统一。

社会价值

自 2013 年以来，国网厦门供电公司已举办各类"电力爱心课堂"360 场次，为278 所中小学和超 5000 户客户提供延伸服务，帮助 1.4 万名弱势群体掌握安全用电常识。

环境价值

开展"节能降碳"等专题课程 150 场次，在采用食堂供餐的 214 所学校推广"全

国网厦门供电公司开展"电力爱心课堂蓝海豚之旅活动"

电厨房",推广率超 95%。

示范价值

项目获评福建省"最佳志愿服务项目"、厦门市新时代文明实践志愿服务优秀项目，获中央电视台《新闻直播间》、《晚间新闻》、人民网等众多媒体的报道。

外部评价

中央电视台《晚间新闻》：在结对的社区、农村、福利机构及学校，光明志愿者定期举办"电力爱心课堂""电力夏令营"，把安全用电、科学用电教授给了更多人，也把更加安全、更加绿色清洁的电能带进了更多人的生活里。

厦门市委文明办：国网厦门供电公司认真履行社会责任，支持服务新时代文明实践中心（站、所）建设，为提升全员思想觉悟、道德水准、文明素养和全社会文明程度贡献国网力量。

上杭溪口电力希望小学老师傅文林：自 2005 年结对以来，国网厦门供电公司的电力人为改善我们学校各项软硬件设施提供了很大帮助，他们打造的"电力爱心课堂蓝海豚之旅活动"，更是让山里的孩子看到了广阔的世界，促进了优良校风、教风、学风的养成。

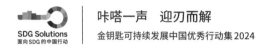

厦门市湖里区江头中心小学洪丽苹老师： 用电安全第一课很生动，电力志愿者都很专业，在寓教于乐中，同学都加深了用电安全的意识，同时学校也会更加注意用电安全。

厦门市大同小学学生廖艺萱： 厦门光明志愿服务队的志愿者就像城市夜里的一盏盏明灯，让厦门更美丽、更温暖。通过这次学习，我了解到身边还有更多事物等待我们去探知，今后我要参加更多这样有意义的活动，也要继续做一名志愿者。

鹭江街道工作人员谢晓萍： "电力爱心课堂"走进社区，让居民群众特别是老年人学习到了日常安全用电和自我保护的相关知识，志愿者还把服务延伸到家中，排查用电安全隐患，给我们带来了满满的安全感。

国家电网福建电力"双满意"共产党员服务队队长李春： 我们把"电力爱心课堂"融入日常，化作经常，在小朋友的心中种下绿色环保志愿服务的种子，让雷锋精神代代传承下去。

福建鑫叶投资管理集团有限公司志愿者苏金蕾： 和光明志愿服务队一起参与了多场志愿活动，体会到了志愿服务的乐趣，通过"电力爱心课堂"这个平台，我加深了对电的了解，也帮助更多的人了解了安全用电知识，很有意义。

未来展望

下一步，国网厦门供电公司将对"E堂好课"项目进行升级优化。

一是结合可持续发展的未来趋势和国家电网有限公司"人民电业为人民"的企业宗旨，强化"电力爱心课堂"品牌影响力，拓展线上平台功能，利用 AI、VR 等新技术，打造沉浸式学习体验，提高教学互动性和趣味性。

二是深化与政府、学校、社区等多方合作，扩大授课覆盖面，特别是加大对农村地区和偏远山区的投入力度，确保教育资源的均衡分配。

三是强化师资培训，提升教学质量，探索将"电力爱心课堂"纳入地方教育体系，推动其成为中小学生的必修课程，为社区培养更多具有安全用电意识和绿色生活理念的新时代青少年。

三、专家点评

　　"E 堂好课"电力爱心课堂志愿服务是一项由国网厦门供电公司发起并实施的公益项目，旨在改善中小学生和困境儿童的教育环境、补充教育资源。通过深入调研不同学生对电力知识科普的需求，形成了统一的活动模式和菜单式服务模式，以电为媒点亮少年儿童的科学探索路，传递安全用电知识和绿色低碳理念。其内容丰富多样，包括电力科普、用电安全教育、红色教育、阅读推广、素质拓展等，是顶层设计好、目标任务明确的公益项目。它不仅提升了学生的安全用电意识，更在孩子的心中种下了科技强国的种子，为推动能源革命和社会发展作出了积极贡献，得到了当地教育部门和广大师生的一致认可和高度评价，具有深远影响。志愿者以高度的责任感和爱心，耐心解答学生提出的问题，并给予指导和鼓励，体现了电力与教育携手共筑社会责任，照亮未来希望的深刻价值。

——厦门日报社首席记者　刘艳

（撰写人：徐铭伟、陈霖扬、陈琪瑶、陈嘉鹏、蔡文悦）

优质教育

紫竹国家高新技术产业开发区
"三区"联动推动可持续发展教育，加速 SDGs 落地

一、基本情况

公司简介

紫竹国家高新技术产业开发区（以下简称紫竹高新区）于 2002 年 6 月奠基，2011 年 6 月升级为"国家高新技术产业开发区"。作为对于中国开发区建设方面的一项突破与创新，紫竹高新区大胆探索具有鲜明特色的发展模式，通过体制、机制创新，大力发展"高水平和新技术"为主导的产业集聚，促进区域经济科学、和谐发展，走出了一条独特的自主创新科技园区发展之路。紫竹高新区通过建立校区、社区、园区"三区联动"资源共享机制，推动高校、科研院所与企业之间紧密合作。同时，紫竹高新区建立优势互补、利益共享、风险共担、共同发展的"产学研"协同创新机制，并构建包含人才服务、知识产权、公共平台、实验室共享、金融服务、城区管理、物业管理等在内的"铂金"产业服务体系，为企业发展保驾护航。

行动概要

可持续发展教育是实现联合国可持续发展目标（SDGs）的重要推动力，需要全社会协力推进。针对当前可持续发展教育内容亟待充实、普及率亟待提升、形式亟待创新等需求，紫竹高新区通过"校区、园区、社区"三区联动，创新可持续发展课程体系，激励青年参与，创建实践环境，为可持续发展教育提供新的视角和路径，提升社区对可持续发展的认知与实践，推动 SDGs 加速落地。

二、案例主体内容

背景 / 问题

可持续发展教育是实现 SDGs 的关键。在当前联合国可持续发展目标进展缓慢的背景下，通过教育提升公民认识、增进知识、促进行动，对于加速社会可持续发展具有重要意义。联合国可持续发展目标 4（优质教育）指出：到 2030 年，确保所有进行学习的人都掌握可持续发展所需的知识和技能。联合国教科文组织提出了更具体的"2030年可持续发展教育"目标，旨在促进可持续发展教育，将其作为优质教育的重要部分和实现所有 17 项可持续发展目标的重要推动力，并特别关注个体变革、社会变革及技术进步。在中国，可持续发展教育也逐渐受到关注。教育部发布的《绿色低碳发展国民教育体系建设实施方案》提出了 2025 年和 2030 年具体目标，规划了普及绿色低碳生活理念、构建碳达峰碳中和相关学科专业体系等重点工作，但可持续发展教育仍然任重道远。

一是可持续发展教育协同机制亟待建立。 一项针对全球教师的调查显示，1/4 的教师感到没有准备好教授与教育促进可持续发展有关的主题，并且需要学校、培训机构、社区和各级政府提供支持，提升可持续发展教育信心与知识。为有效推进可持续发展教育，需要建立跨部门、多利益相关方的协同机制，整合各方资源和专长，共同构建一个支持可持续发展教育的生态系统。

二是可持续发展教育普及率有待提升。 联合国教科文组织针对全球 100 个国家开展的调研显示，47% 的国家在课程大纲中未提及气候变化等可持续发展议题。在少年儿童教育方面，针对上海 236 所中小学校的调查显示，与环境有关的学习项目占比约为 20%，其中有关气候变化的项目仅占 2.5%[1]。在高等教育方面，中国各大商学院开设 ESG 相关课程数量仅有 156 门[2]，课程数量偏低。并且，ESG 相关课程授课对象多为 MBA 和金融专硕，针对普通高校学生、青年群体的课程较少。这限制了可持续发展教育理念在更广泛青年群体中的传播和实践，也影响了社会对可持续发展议题整体认知水平的提升。

---

① https://cn.chinadaily.com.cn/a/202312/04/WS656d75d5a310d5acd877180d.html.

② 上海交通大学上海高级金融学院副院长、金融学教授，可持续投资研究中心学术委员会主任王坦发表"ESG 实践与教育培训"主旨分享。

三是可持续发展教育的形式亟待创新。可持续发展教育在传统教学模式中往往以理论讲授为主，缺乏实践性和互动性，这限制了教育效果的深化与吸引力。为了提高教育的实效性和趣味性，教育形式需要更加多元化和创新化。

行动方案

协同机制：整合多利益相关方资源，构建可持续发展教育生态系统

紫竹高新区由政府、民营企业和大学共建，通过汇聚政府、民营企业与高等教育机构的力量，形成了独特的组织架构和体制机制。2016 年，紫竹高新区建立了社会责任联盟，以联盟为核心，高新区打造可持续发展共建及战略规划落地平台，以开放共享为原则，邀请包括区域管理者（政府）、平台参与者（社区与学区）、平台使用者（企业）和平台建设者（紫竹高新区）在内的利益相关方，共同推动高新区和企业社会责任建设，各利益相关方通过服务、参与、合作、监督、引导等方式，构建起良性互动关系，建立起可持续治理"紫竹圈"，促进区域可持续发展。该平台的建立也为高新区可持续发展教育的发展培育了肥沃的土壤。在多方支持与协调之下，紫竹高新区引进国际高等教育资源，打造紫竹国际教育园区，这些合作项目不仅丰富了教育资源，也为可持续发展教育提供了强有力的支持。

创新课程：探索推动 SDGs 实现的可持续发展教育

可持续发展与青年责任领导力课程

紫竹高新区致力于创新可持续发展教育课程系统，让更科学、更专业的内容融入教育实践，从而提升可持续发展教育的质量和效果。紫竹高新区社会责任联盟、可口可乐中国、紫竹国际教育园区共同研发"可持续发展与青年责任领导力课程"，并联合编写相关教材。首期课程以国际高中学生为研发对象，鼓励每一个即将踏出国门的学子，都能成为中国社会责任的传播使者。紫竹高新区推出可持续行动者的促动工具包、课程视频、可持续行动教育手册，以及编著面向企业的 ESG 管理工具书《一小时搞懂 ESG——应对企业可持续发展管理的挑战》，推动学校、社区、企业、园区等不同场景的个体与组织开展跨界协作。同时，紫竹高新区关注企

业在可持续发展中的重要推动作用，打造"紫竹 ESG 讲堂"，从 ESG 基础及信息披露、企业碳中和路径指南、绿色金融实践与创新、全球 ESG 体系与认证、构建多元公平包容的商业道德文化等议题出发，深入解析企业日常运营涉及的核心 ESG 工作事项，以赋能企业 ESG 管理，推动园区企业可持续发展。

增强权能：动员青年参与，广泛影响利益相关方

紫竹高新区认识到，青年作为未来社会的领导者、决策者和创新者，他们的行为和决策将直接影响联合国可持续发展目标的实现。紫竹高新区专注于激励青年积极参与可持续发展教育，以此带动更广泛利益相关方的关注和行动。2012 年，紫竹高新区成为达沃斯论坛全球杰出青年社区分社区，以紫竹孵化器为驱动载体，汇聚前沿导师，聚焦创新热点，激励更多青年人积极探索和挑战自我，以科技助力中国可持续发展。2020 年，紫竹高新区联合 TED 大会发起 TED×Youth@ZizhuPark，吸纳青少年成员参与活动的策划与组织，并通过公开演讲、展览等活动，发掘青年声音，向世界传递中国青年可持续发展的行动力量。紫竹高新区还关注女性在可持续发展教育中需求，通过组织开展"科技有她 育见花开"等品牌项目，以公益科普教育活动触动青少年女性对学科综合性运用的启发，从平等、多元等角度分析和解决问题，打破 STEM 教育中的性别偏见。

TED×Youth@ZizhuPark 活动现场

"科技有她 育见花开"品牌项目

开展实践：从课堂到田野，深化可持续发展教育成效

推动实际场景中的行动是深化和巩固可持续发展教育的关键途径。紫竹高新区基于可持续实验室，将可持续发展教育从课堂延伸到真实的应用场景，鼓励学生和社区成员积极探索，学以致用。2021 年，紫竹可持续实验室发起 Action4Good 可持续行动，旨

在为可持续行动者提供低碳项目
的一系列支持，吸引更多利益相
关方广泛关注低碳生活和低碳消
费。2023 年，Action4Good 开展
循环经济、创客、森林冥想、旧
物改造、游戏化设计、食物教育
等多个可持续议题工作坊，落地
8 个线下活动和展览，支持 7 个
低碳项目，让可持续发展理念得
到更加广泛和深入的传播。在华

社区居民参与 Action4Good 旧物改造活动

东师范大学第二附属中学紫竹校区，高中生依托 Action4Good 紫竹可持续行动发起环
境保护社团，利用废弃材料制作艺术作品，用行动践行可持续消费。

多重价值

多元探索，提升公众可持续发展认知

通过"三区联动"的可持续发展教育实践探索，紫竹高新区整合校区、园区、社区
资源，构建了多方参与的可持续发展教育生态系统，让可持续发展的理念与实践触达青
少年、企业成员、社区公众等更多利益相关方，进而推进其他可持续发展议题实践。例
如，通过可持续发展实验室，青年群体、社会公众等利益相关方在包容性城市、绿色消
费与低碳出行、城市与自然共存等不同议题领域提出 80 余个行动提案，其中 11 个项目
在上海等城市落地，以"校区、园区、社区"的联动发展，吸引了 40000 余名参与者；
TED×ZizhuPark 拓展可持续发展理念的传播平台，让人文公益、乡村发展、绿色生产、
负责任的 AI 等可持续发展议题走进了大众视野，促进社会各界对可持续发展的深入理
解和广泛讨论，激发更多个体和组织投身于共创未来可持续社会的行动之中。

赢得多方认可，塑造高新区责任影响力

紫竹高新区可持续发展教育行动在推进过程中获得多方认可，"可持续发展与青年
责任领导力课程"在 2022 年第六届"CSR 中国教育榜"奖项评选中荣获"CSR CHINA
TOP100 年度最佳责任企业品牌""CSR CHINA 年度最佳创新""CSR CHINA SDG 年度优
秀项目"三项大奖；《一小时搞懂 ESG——应对企业可持续发展管理的挑战》一书荣获

2024 绿光 ESG 榜典范案例典范责任贡献 TOP10、南方周末 2024 "年度 ESG 研究"奖项，这些荣誉代表了紫竹高新区可持续发展的影响力和品牌效应进一步提升。

未来展望

可持续发展是一项长期主义的承诺，可持续发展教育是推动这一承诺实现的长期实践。秉持"生态、人文、科技"理念，紫竹高新区将依托丰富的教育资源和科创孵化生态圈，将可持续发展理念融入园区的每一个角落，为实现区域、国家乃至全球的可持续发展目标作出更大的贡献。

三、专家点评

紫竹高新区通过"三区联动"模式，创造性地推动了可持续发展教育的普及与实践，展现了其在促进区域乃至全国可持续发展目标实现方面的卓越贡献。该模式不仅有效整合了社区、企业和高校的资源，构建了一个多元、开放、共赢的可持续发展教育生态系统，而且通过一系列创新举措，如开发专门的课程体系、举办多样化的实践活动等，极大地提升了青年和社会公众对可持续发展的认知与参与度。特别是Action4Good等项目，不仅促进了低碳生活理念的传播，还激发了年青一代的创造力与增强了其社会责任感。未来，希望紫竹高新区能够继续深化这一模式，加强与国际先进经验的交流与合作，不断探索可持续发展教育的新路径，为全球可持续发展目标的实现贡献更多智慧与力量。

——中国企业联合会管理现代化工作委员会专家、责扬天下联席总裁 管竹笋

（撰写人：戚伊琳）

ESG 创新

国网浙江省电力有限公司临海市供电公司

何以共生？多元资本评估助力量化"高海边无"地区供电综合价值

一、基本情况

公司简介

国网浙江省电力有限公司临海市供电公司（以下简称国网临海市供电公司、公司）是国网浙江省电力有限公司的下属单位。公司连续两年荣获台州公司绩效优胜单位、精神文明建设先进单位，获评浙江省文明单位、浙江省双年度"平安单位"暨省级"智安单位"、国网浙江省电力有限公司2023年迎峰度夏保供稳价先进集体等称号。公司聚焦山海古城临海建设，积极引导公司全体员工围绕电网企业中心工作开展社会责任管理实践，致力于将社会责任理念和实践融入工作的方方面面。

行动概要

高海边无（高海拔、海岛、边防、无人区）往往处于生态敏感区，雷暴、飓风等区域性极端天气频发，电网稳定性难以保障，高难度的维护和检修对人力的依赖度极高。同时，高海边无地区通常肩负生物观测、气候观测等重任，迫切需要可用、稳定的电力解决方案。国网临海市供电公司创新以"ESG+专业"的方式赋能能源工程，开展中国电力行业及国网系统首个多元资本核算项目，并通过情景分析，评估并核算在括苍山国家森林公园建设电网工程不同方案产生的综合价值。结合多元资本核算结果，公司将电网规划融入景区规划，依山而建全国首个十兆瓦级离网型标准微电网，充分利用区域风、光、水资源。据估算，项目可节省 63% 投资成本，十年内预计创造近 3300 万元综合价值。未来，公司一方面将加速微电网在新疆奎屯等高海边无地区的推广，为更广泛的可持续发展贡献临电力量；另一方面通过为电网可持续发展规划提供更全面的决策依据，推动中国电力行业从单一经济效益向多维度资本评估的战略转型。

二、案例主体内容

背景 / 问题

实现电力服务的可及性和稳定性是美好生活的重要保障。2023 年，浙江省以 99.9912 的供电可靠率居全国省公司第一。而供电不稳定的"0.0088"背后是大量省内"高海边无"地区，即高海拔、海岛、边防、无人区。因其独特的地理位置，这些"高海边无"地区通常肩负着生物观测、气候观测、边防观测等重任，对稳定的电力服务有更高的诉求。如何实现电网与括苍山的生态、社会共生，让"既要""又要""还要"成为可能，

括苍山风景优美，动植物资源丰富

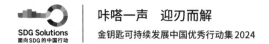
实现综合价值最大化成了亟待解决的难题。

一难在生态脆弱。作为森林覆盖率达 96.38% 的国家级森林公园，括苍山有着不可逾越的生态保护底线。传统输电方式需占用大量空间资源与土地资源，不可避免地会对区域原有植被、物种和景观造成影响。

二难在成本高昂。积石山山势险峻，且易受雷电、冰冻等极端天气影响，造成线路断线、雷击跳闸等问题。一旦线路出现故障，需要专业人员深入分析故障原因并使用特定工具进行检修。作为基础设施的电网在建设与运维阶段都需要耗费大量人力、物力，投入成本高、维修难度大。

三难在缺乏标准。近年来，电网的应用越来越得到重视且发展前景广阔，但目前尚未形成统一的建设标准与成效标准。建设过程中使用的各类设备由于缺乏统一的标准，难以满足不同场景下多样化的建设客观条件，投运就意味着停运。

行动方案

积木化，让微网基础更可靠

传统电网建设复杂、运维困难，对人力资本的依赖极高且对员工的健康安全存在一定负面影响。公司研发标准化、模块化的微网终端设备，通过提升核心设备的公制化与标准化，使不同组合能够对应不同功能，实现即插即用。此外，公司研判微网发展趋势，预留多类微网接口，可支持源、荷、储三大类数百门设备高效接入，实现源荷储能接尽接。此外，模块化的组件形式也降低了检修的技术门槛，标准化设备更稳定，设备故障率下降 76.19%，微网供电可靠性显著提升。

菜单化，让微网建设有最优

高海边无地区个性化程度高，设计过程十分复杂，很难预估最终成效。公司开展中国电力行业、国家电网系统内首个多元资本核算项目，围绕环境合规与生物多样性、应对气候变化、职业健康与安全、供电可靠性等 14 个议题构建指标体系，核算构建生态友好型微电网对自然、人力和社会的影响与依赖，量化在括苍山国家森林公园的供电服务等实践对环境、人力、社会资本产生的多重价值。

基于标准化设备与多元资本核算框架，公司创新提出方案选配，让用户做环境、社会、人力资本的选择题，而非填空题。只需在客户端中输入建设目标、规定建设方案，就能一键生成微电网的影响和依赖的货币化核算清单，对比建设传统电网、不增设设备、建设微电网的价值核算结果，得出配置组合的最优方案。

生态化，让行业发展有未来

ESG 理念引入企业经营管理的目的在于扩大和外化企业的正面影响，公司在"自身强"的基础上，更希望"行业旺"。为此，公司创新引入生态化的建设理念，打造微网新生态。通过首创二次组网技术，让新增的新能源、储能、充电桩等设备都能快速接入微电网，微网的拓展、升级都拥有无限可能。同时，公司积极引领行业新生态，推进设备、通信等方面行业标准的制定，以开源模式鼓励利益相关方加入微网生态圈，做行业标准化发展的"领头羊"。

多重价值

临海市供电公司在括苍山落地全国首个 10 兆瓦级离网型标准智慧微电网，为"高海边无"地区供电方案锚定 ESG 价值最大化。据估算，项目可节省 63% 投资成本，10 年内预计创造近 3300 万元综合价值。

自然资本价值

括苍山兆瓦级离网型标准微电网项目打造标杆生态友好工程，实现区域可再生能源容量大于 10 兆瓦，区域内风电、光伏、水电等新能源就地消纳率从 60% 提升至 100%，每年约减排 1.4 万吨二氧化碳，等价于 95 万元碳交易。此外，工程在前期规划、中期建设、后期运维的各阶段加强噪声、污染、土地使用等数据，避免生态和生物多样性影响，促进人与自然和谐共生，为实现全球生物多样性保护目标贡献力量，实现生态"零扰动"。

人力资本价值

传统主网的建设方案工程规模大、建设难度大，加之高海边无地区道路崎岖、交通不便、天气条件恶劣，不利于员工的职业健康与安全，缺乏灵活性，与括苍山的各种客观条件无法完美匹配。而公司研发的模块化设计，大大降低了工程运维难度，在减轻人力投

公司研发易于操作的模块化设计

入压力、降低人力资本依赖度的同时，能够确保员工作业过程中的职业健康与安全，同时充分体现了公司的人文关怀，实现人员"轻负担"。

社会资本价值

括苍山兆瓦级离网型标准微电网工程的规划与实施响应了国家对国有企业提出的高标准社会责任要求，也是对"五个价值"理念的具体实践。通过创新混网组合技术在微网领域的首次运用，实现区域年停电时长从 571 分钟下降至 5 分钟以内，每年可减少经济损失 15 万元，实现供电"有保障"。全国首个零碳国家森林公园落地括苍山，旅游业态蒸蒸日上，区域有了"新发展"。此外，通过编制行业标准，目前微电网技术已在新疆、湖南等全国多个"高海边无"地区复制推广，未来将创造数百亿元价值。

2024 年 10 月 31 日，基于次项目编制的《括苍山兆瓦级离网型标准微电网多元资本价值评估报告》在第十六届联合国《生物多样性公约》缔约方大会（COP 16）"全球自然资本核算的应用实践论坛"上分享，是本届大会多元资本核算领域唯一的中国案例，并首次入选多元资本联盟案例研究数据库。

括苍山兆瓦级离网型标准微电网多元资本价值评估报告

未来展望

国网临海市供电公司积极响应国家电网有限公司提出的"保护优先、惠益共享"原则，将生态优先、绿色发展理念融入企业发展，将生物多样性保护融入电网建设运维各个环节，深入探索电网与不同生态系统的和谐共生之路。2024 年，国网临海市供电公司深化"与山海共生 让能源永续"的社会责任愿景理念，体现出公司的可持续发展愿景与社会责任担当理念，以社会责任行动共建临海美好未来。

公司设立雄心目标，执行"三步走"推广应用计划：

到 2025 年实现括苍山全国首个十兆瓦级离网微电网全面落地，完成核心终端在多场景新疆、青海等典型高海边无场景示范验证。

2027 年发布"TO ZERO"绿色微网倡议，与十余家电力中央企业联动，形成产业链传导机制，构建良性向上的行业生态。

2030 年全面推广，全国内复制约 200 个项目点，实现示范区域"风光"资源 100% 消纳。

未来，公司将基于更完善的绿色微网，为近千个"高海边无"场景提供高效、绿色、可靠的微网建设方案。

三、专家点评

括苍山兆瓦级离网型标准微电网多元资本价值评估是国网临海市供电公司在推动生物多样性保护和可持续发展方面的创新实践。通过评估电力工程建设与运维对自然资本、人力资本和社会资本的依赖与影响，国网临海市供电公司从定性、定量和货币化核算的角度，对以生物多样性为基础的多元资本给企业带来的机遇及风险进行综合分析，并将评估结果用于商业决策，为可持续管理提供全面视角，能够为电力行业提供经验与启示，为实现《昆明 — 蒙特利尔全球生物多样性框架》提出的行动目标贡献具有中国智慧的行业解决方案。

**——生态环境部对外合作与交流中心高级工程师
生物多样性、自然资本核算和 ESG 领域研究专家 赵阳**

（撰写人：林永胜、童渊、蒋宜秀、孟庆楠、蔡佳纯）

ESG 创新

国网江苏省电力有限公司太仓市供电分公司 &
耐克体育（中国）有限公司

构建绿色伙伴关系，
加速物流园低碳转型

一、基本情况

公司简介

国网江苏省电力有限公司太仓市供电分公司（以下简称国网太仓市供电公司）作为国家电网有限公司在基层的最小单元，始终践行绿色发展理念，致力于服务经济、社会、环境的和谐发展，通过构建友好型绿色伙伴关系，开展服务清洁能源、推进电能替代、保障电网安全、促进绿色生产和消费等探索与实践，助力推动太仓可持续发展。

耐克体育（中国）有限公司（以下简称耐克中国）秉承"在中国，为中国"的发展理念，积极践行可持续发展战略，努力于 2025年实现全部自有和自营设施 100% 利用可再生能源供能，向"零碳排、零废弃"不断前进。先后布局了智慧物流园、智能仓储设施等众多项目，探索解决物流园区乃至整个供应链的耗电与碳排放问题。

行动概要

随着国家"双碳"战略的推进，电力作为生产要素之一，经济和社会生产力正在发生新的变化。企业能源消费绿色转型亟须统筹平衡好新质生产力与新能源开发应用、节能降碳投资与企业经营质效、低碳能源转型与城市、电网友好度的关系，但普遍缺少专业解读力、中立指导力以及创新支撑力，需要更多伙伴支撑。而新能源的快速发展对电网稳定性也带来很大的影响和挑战。为此，国网太仓市供电公司与耐克中国合作构建"绿色伙伴关系"，用 ESG 推动传统单一的保供型关系，向友好互动的绿色伙伴关系转型升级。开通"低碳直通车服务"，整合政府、企业和社会资源，成立能效小组，以建设"零碳智慧物流园"为抓手，引入清洁能源，优化能源结构，提升能源利用效率，实现园区用能 100% 由绿色能源供给，共同推动物流仓储零碳转型。

二、案例主体内容

背景／问题

耐克中国物流中心作为耐克集团在亚洲的物流枢纽，随着业务的快速增长，物流中心的能源消耗和碳排放问题日益突出，碳排放量占耐克中国所有自有及自营设施的 43%，低碳转型任务紧迫。耐克在转型过程中面临两大难题：一是如何平衡新质生产力与新能源开发应用、节能降碳投资与企业经营质效、低碳能源转型与城市友好度之间的关系；二是缺乏专业政策解读、中立指导和创新支撑，制约了低碳转型的进度和效果。

电网同样面临着绿色转型的诸多挑战。随着新能源的快速发展，供电公司需要应对新能源带来的不利影响，加快建设新型电力系统，积极探索新的服务模式，实现用户新能源与电网友好互动，确保电网的稳定运行，推动绿色转型生产力与生产关系更相适应，为地方经济的可持续发展贡献力量。

行动方案

国网太仓市供电公司基于可持续发展共同价值观，联合耐克中国，通过构建绿色伙伴关系，推进园区可再生能源替代，创新风光热生物质一体化综合利用，实施节能减排措施，打造零碳智慧物流园。

合作共建绿色伙伴关系

国网太仓市供电公司充分发挥在电力供应、能源管理等方面的专业优势，开通"低碳直通车"，连接政府、企业、科研机构及社会各界，集聚对可持续发展理念有高度认同的伙伴。基于集成高效领导、协商协同协力、共建共创共享、公开透明沟通的治理机制，有效整合拓展各方资源资本及社会网络，为项目顺利实施提供有力保障。一是开展政企合作。国网太仓市供电公司积极与太仓市政府及上级能源管理部门沟通，争取政策支持，为项目提供坚实的政策保障。同时，参与制定地方绿色低碳发展规划，引导耐克物流园融入区域绿色生态体系。二是开展企企联动。与耐克中国建立长期战略合作关系，共同制订零碳物流园建设方案，明确双方责任与义务。此外，积极引入新能源设备制造商、能源服务商等产业链上下游企业，如肯道新能源、远景能源等，形成了绿色低碳产业联盟：新能源设备制造商为项目提供先进的风力发电和光伏发电设备，能源服务商为项目提供专业的能效管理和碳排放监测服务，将耐克中国物流中心作为项目主体，积极推动各项措施的实施。通过建立产业联盟，各方资源得到有效整合，形成了协同效应。三是开展科研合作。国网太仓市供电公司与苏州城市能源研究院、国网江苏省电力有限公司电力科学研究院等研究机构及清华大学等高校建立产学研合作关系，建立能效小组，开展新能源技术、能效管理、碳排放监测等领域的联合研发，为项目提供技术支撑与智力支持。

共建绿色伙伴关系

风光热生物质一体化综合利用

依托绿色伙伴关系，国网太仓市供电公司成立能效小组，全流程参与耐克物流园新能源项目前期方案设计、建设中期施工及后期并网运行，协调各方力量助力项目有序平

耐克风光一体化零碳物流园

稳推进。针对园区现有资源，引入肯道新能源、中盛新能源、远景能源等第三方社会网络，有效开发风光热生物质能源。园区每年约 68 吨厨余垃圾在焚烧后进行沼气发电，实现 100% 零填埋；地底深 90 米的地源热泵就近为办公区域的空调供能，即发即用，每年减碳 142 吨；建设 4 兆瓦光伏，年发电约为 450 万千瓦·时，减少二氧化碳排放约 2500 吨；运用智能捕风技术，建设 2 台单机容量为 3 兆瓦的风力发电机组，总装机规模 6 兆瓦，项目年发电约为 1400 万千瓦·时，减少二氧化碳排放约 8000 吨。

推进节能减排与电能替代

在能源消费侧，能效小组积极推进节能降碳改造与电能替代。物流中心整栋建筑和库区 100% 使用 LED 照明，建设风光互补技术的路灯，每年共节省用电 320 万千瓦·时；种植抗旱植物减少对灌溉水的需求，雨水回收灌溉，每年节水 3200 吨；建筑外墙涂料采用高反射材料，以减轻热反射从而抑制热岛效应。在操作区域安装工业大风扇增加空气流通；利用屋顶透明天窗减少人造光的使用，在货架与货架间走道安装自动感应装置，传送带设置睡眠模式，减少能源浪费。投产运营了首批 350 千瓦·时电动重卡项目，用于上海—太仓两地间货物配送，并配套了交直流充电桩，电由中心内的新能源发电补给，真正实现了绿色运输。

实行园区能碳智慧化管理

结合数字孪生及物联网技术的运用，开发物流园区"智慧大脑"——数字化能碳管理平台，实现对整个园区的"源—网—充—荷"实时的监测、分析、预警，提升能源管理和资产运行效率。平台联合贯通智能物联操作系统 EnOS 及方舟能碳管理平台，对园区一级、二级、三级、四级用电数据，风电、光伏发电数据及充电桩使用情况进行全面监测，并以数据为依托构建园区物流中心用能画像，通过一张可视化大屏直观呈现，实时掌握园区综合用能及绿电占比情况，帮助园区详细了解自身的用电及碳数据，为园区能源管理、资产运行效率提升及综合降本提供有效决策支持，实现与城市、电网的友好互动。

数字化能碳管理平台

多重价值

经济价值

耐克物流园通过实施高效照明、地源热泵、绿色建筑设计等措施降低能耗，每年节约能源支出成本约 410 万元；采用第三方投资的方式建设园区内风光新能源，通过长期合作满足第三方投资回本和盈利的需求，每年节约能源支出成本约 13 万元，合作伙伴投资回收周期为 7 年左右。

社会价值

该项目先后入选了"保尔森可持续发展奖"十大提名项目，被收录至《零售和消费品行业绿色低碳发展白皮书》、第二十八届中欧企业社会责任圆桌论坛"供应链减碳伙伴关系"主题优秀实践案例、国家能源局能源低碳转型典型案例，先后被新华社、《人民日报》《中国电力报》等百余家媒体报道，接待可持续发展领袖走进企业等调研参观超 1 万人次。此外，"绿色伙伴关系"模式在能源、经济、交通、农业、社区等领域广泛实践，实现本地新能源利用率 100%，绿电交易 6.76 亿千瓦·时，沿江非化工码头岸电覆盖率、高速公路充电桩覆盖率达 100%，形成了积极而广泛的社会影响力。

环境价值

通过使用绿色能源，每年预计可减少 1.05 万吨二氧化碳的排放，相当于新增绿植 59 万棵。物流中心清洁能源上网电量的环境权益，还将基于数字化能碳管理平台提供给耐克在中国的零售门店使用，进一步打造绿色零碳门店。实现绿色能源的生产和消费、全生命周期碳管理及绿色权益交易的有机结合，为全球物流供应链及零售领域的探索出新模式。

未来展望

国网太仓市供电公司与耐克中国将持续深化绿色伙伴关系，推动耐克零碳智慧园区风光储充微电网建设，并从低碳能源、低碳经济、低碳交通、低碳农业、低碳社区、低碳管理六大维度，集聚更多领域的合作伙伴，实施六大低碳行动计划，形成政府、企业、社会共同推动绿色低碳发展的良好格局，提升太仓城市低碳竞争力，助力中国"双碳"目标的实现，共同应对全球气候危机。

三、专家点评

国网太仓市供电公司与耐克中国通过构建绿色伙伴关系，不仅实现了园区用能 100% 绿色供给，更在节能减排、电能替代等方面取得了显著成效，展现了高度的环境责任感。该项行动的价值在于，不仅推动了物流园区的绿色转型，更为其他行业提供了可借鉴的模式。亮点在于，双方充分发挥各自优势，整合政府、企业、科研机构等资源，

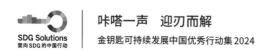
形成了强大的协同效应。同时，数字化能碳管理平台的建设，实现了园区能碳的智慧化管理，提升了能源利用效率。

建议双方在未来继续深化合作，探索更多低碳技术应用，并加强与国际社会的交流与合作，共同应对全球气候危机。期待这一模式能在更广泛领域得到推广，为全球绿色低碳发展贡献力量。

——可持续发展经济导刊社长兼主编　于志宏

（撰写人：刘冲冲、孙梓源、吴凡、杨焘）

乡村振兴

马上消费金融股份有限公司

"富慧养"智慧养殖共同富慧平台

一、基本情况

公司简介

作为一家技术驱动型数字金融机构，马上消费金融股份有限公司（以下简称马上消费）秉承"科技让生活更轻松"的使命，在人工智能、大数据等前沿领域均取得关键突破，先后获得国家高新技术企业、国家企业技术中心等 12 项国家级荣誉。马上消费将可持续发展理念全面融入日常业务，从普惠、科技、环境、社会、消保、治理等方向,持续为用户、行业和公众创造价值，为超1000万信用"白户"建立征信，服务近两亿用户，累计贡献税收超 100 亿元。

行动概要

在当今时代，全球都在向着 2030 年可持续发展目标（SDG）奋勇迈进，我国的数字化浪潮更是汹涌澎湃，为各个领域带来了全新机遇与变革。在这一宏大背景下，由重庆市农业农村委员会牵头指引方向，马上消费勇挑重担，累计投入 800 余万元，携手重庆马上科技发展基金会开启了一场意义非凡的助农探索，打造了"富慧养"智慧养殖共同富裕平台。这一平台汇聚了多项强大功能，一方面通过数字化管理赋能，让养殖户告别传统粗放式管理，精准掌控养殖各环节；另一方面数字化信贷则及时为资金周转困难的养殖户注入"金融活水"，解决燃眉之急。品牌助农与消费帮扶双管齐下，将优质农产品推向更广阔市场，提升产品附加值。同时，不忘提升农户数字素养，授人以渔，助力其长久发展。截至 2024 年 7 月，"富慧养"智慧养殖共同富裕平台已在重庆市渝北区、城口县、垫江县、石柱县等 12 个地区深深扎根，部分养殖户率先受益，直接带动 120 余人稳定就业，解决农户临时用工超 600 人次。在金融支持上，助力养殖户成功获取融资贷款 160 万元，为产业扩张、设备升级提供保障。此外，鸡的存活率提升约 2%、出栏率提高约 3%，综合养殖成本大幅下降超 15%，销售额提升 20% 以上，累计助农户增收超 500 万元，真正用科技力量为乡村振兴添上浓墨重彩的一笔。

二、案例主体内容

背景 / 问题

马上消费创立伊始，就秉承惠民理念，成为一家国民企业。为履行企业社会责任，马上消费在国家乡村振兴战略及可持续发展目标指引下，以自身技术优势，积极探索科技支持乡村振兴工作。鉴于公司总部在重庆，地处西部欠发达地区，以丘陵、山地为主，农村传统养殖户较多。进一步调研发现，目前传统养殖户普遍存在养殖规模小、布局散、链条短、数字化程度低、品牌水平低、融资难融资贵等问题。具体表现为：一是科技创新能力不足。由于传统养殖大部分工作依靠人工完成，当养殖规模化后，传统养殖高成本、难管理、低效率等问题尤其凸显，亟须现代科技能力支撑。二是产业发展资金短缺。活体家畜非有效抵押物，且风险高，贷后、保后监管难度大，存在农户无抵押、银行不敢贷的难题。三是品牌营销建设不够。养殖农户销售渠道较单一，缺乏品牌意识及市场推广策略。四是养殖户数字素养偏弱。传统养殖户通常较少应用数字化工具，对新技术、新模式的接受能力偏弱，缺乏乡村振兴、可持续建设内生动力。

行动方案

针对上述养殖问题，马上消费秉持"AI 数字赋能，生态全链贯通"整体设计理念，利用 AI、大数据等先进技术，创新构建具备生产管理、溯源管理、营销推广等功能模块的多端智慧养殖平台，高效支撑养殖过程中的称重、计数、体温健康监测和环境监测等多场景应用，最终实现养殖—溯源—销售—金融全链条服务贯通和智能化赋能，解决散养鸡行业规模化管理痛点，提高散养鸡行业的效率及健康生态养殖水平。基于以上设计理念，构建设计框架如下：

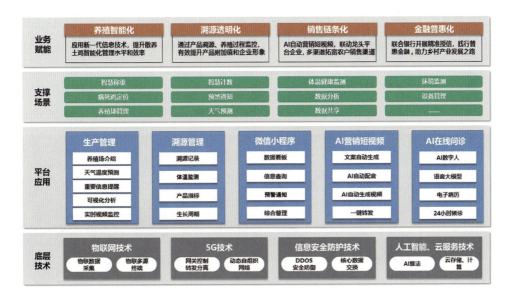

设计框架

平台采用体重传感器、广角（鱼眼）摄像头、二氧化碳传感器、温度湿度传感器、氨气传感器、热成像半球摄像机等物联网设备，有效采集养殖作业现场各项关键指标数据。在新一代技术方面，以物联网中的物联数据采集、物联多源终端等关键技术，实现

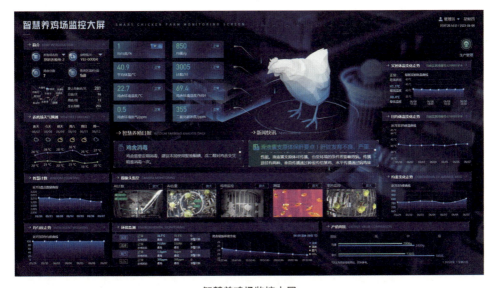

智慧养鸡场监控大屏

数据采集的及时可靠；以 AI 中的识别算法、模型训练等关键技术，实现信息捕获的自动智能；以大数据中的分布式调度、离线实时计算等关键技术，实现数据存储加工的有序可控；以云计算中的容器化、云原生等关键技术，实现数据配置的弹性轻量；以区块链中的分布式存储、共识别机制等关键技术，实现溯源数据的真实可信。

原耕农场智慧养殖大屏

多重价值

项目以科技赋能方式，深入养殖基地一线，与农户深度沟通，挖掘养殖业痛点、难点，并强化传统养殖技术与新一代信息技术深度融合，助力养殖行业提质增效，绿色发展，助农增收，全面实现科技助力乡村振兴发展。

马上消费从打造平台之初就以公益方式开展运营，经过 3 年多的建设运营后，运营模式已较为成熟，且获得了政府、企业、合作伙伴及养殖户的一致好评。一是捐赠200 万元原始资金发起成立重庆马上科技发展基金会，负责乡村产业振兴等公益项目。二是在重庆市金融管理局、共青团重庆市委、重庆市南川区农业委员会、重庆市潼南区农业委员会等 10 余家政府部门的支持和指导下，整合各自资源禀赋，对接村集体和养殖户，多方共同赋能，扩大帮扶成效和成功率。三是引入重庆市渝北职工帮扶基金会及中信建投期货等机构，共同为渝北区及城口县养殖户提供科技赋能，多方共担帮扶成本，共同助力帮扶养殖户增收致富，并以打造"致富带头人＋爱心"传递方式，有效激励村民的劳动积极性及用勤劳致富的意识帮助其他养殖户。四是获评农业农村部、中国农业电影电视中心"乡村振兴赋能计划金融助农典型案例"，入选重庆市第一批"万企兴万村"行动机构类案例名单，重庆市地方金融监督管理局、重庆市农业农村委员会"2023年度重庆金融助力农村致富带头人典型案例"；获得重庆市委网络和信息化委员会办公室、重庆市农业农村委员会"重庆数字乡村创新十佳示范案例"等荣誉。此外，"富慧养"智慧养殖平台入选四川省科技厅2024年第一批省级科技计划项目，项目学术成果被生物信息学三大国际会议之一的 IEEE BIBM 2023 录用，多次获得"学习强国"推荐。

经济价值

截至 2024 年 7 月底，本项目帮助养殖户实现融资贷款 160 万元，鸡存活率提高约 2%；出栏率提高约 3%；助力养殖户整体综合养殖成本下降超过 15%，销售额提升 20% 以上，增收超 500 万元。其中，重庆市原耕生态农业发展有限公司应用本项目后，养殖户常驻在养殖场的时间较之前减少了约 40%，养殖技术人员从原来的 2 人减少到 1 人；并且以单个批次 500 只鸡为例，AI 自动估重功能，帮助农户进行精细化投食，每月节省饲料 12.5 千克。

社会价值

截至 2024 年 7 月底，本项目已落地赋能重庆市渝北区、城口县、垫江县、石柱县等 12 个地区的部分养殖户，直接带动就业 120 余人，解决农户临时用工 600 人次以上。其中，原耕农业通过 2 年多的帮扶，原耕农场已形成稳健的生产能力，拥有成熟的养殖管理经验，并在重庆市涪陵区增福镇成立子公司扩大生产养殖规模，整合多方资源，保护"增福土鸡"血统，共同推动"增福土鸡"产业发展。原耕农业采用"科研＋企业＋新农人"的组织模式，助推国家地理标志认证产品"增福土鸡"的长期健康发展，以致富带头人身份带领当地养殖户共同走向致富路，实现"头雁领飞群雁随"成效。

生态价值

本项目通过数字化方式赋能传统养殖业生态效益显著。一是资源节约，智能养殖优化了资源配置，减少了饲料浪费，降低了水资源的消耗；二是环境友好，实时监测与智能调控减少了养殖废弃物排放，减轻了环境污染；三是绿色循环，智慧养殖推动了农业废弃物资源化利用，形成了良好的生态循环。该平台通过科技与农业的深度融合，实现了智慧农业的生态化发展。

对智慧农业建设的参考借鉴意义

平台以技术先进性引领智慧农业新潮，运用人工智能、大数据精准把控养殖全程和助力农产品销售；具备高度可复制性，成功经验不仅适合推广至全国，也可以延伸应用至牛、羊、果树等农业领域，推动农业现代化进程。

对农业信息化数字化产生的促进作用

平台通过人工智能大模型技术在智慧养殖上的应用，对畜禽饲养环境、饲料消耗、生长速度、健康状况等数据进行采集、分析和决策，实现智慧养殖，降低疾病发生率，减少能源消耗、资源浪费，扩大养殖户营销渠道等，提升养殖管理效率、实现融资贷款、拓宽营销渠道及提升养殖户数字素养，帮助养殖户增收致富，为养殖业信息化数字化提供了实践案例和技术支持。

未来展望

为保证项目的可持续运营发展，一是由公司每年从上一年度净利润中提取一定比例捐赠给重庆马上科技发展基金会，用于持续支持智慧养殖项目；二是养殖户借助平台销售产品增加收入后，反哺社会，以献爱心方式，捐赠一定资金到重庆马上科技发展基金会，用于智慧养殖项目，帮助更多的养殖户；三是引入外部机构及其他公益基金会与马上科技发展基金会联合开展智慧养鸡项目，共同分摊帮扶费用；四是将该项目中积累的技术经验和运营经验复制推广至其他乡村振兴、可持续发展等领域。

三、专家点评

乡村振兴的推进离不开科技对农业现代化的关键支撑。例如，"富慧养"智慧养殖共同富慧平台等创新实践，凭借 AI 技术、大数据分析等前沿科技手段，融合了数字化管理优化、信贷服务数字化、品牌农业扶持、消费端援助及数字能力培育等多方面功能，成功打通了从养殖到溯源、销售乃至金融服务的整个产业链，实现了全程智能化升级。这一转变不仅革新了传统农业发展模式，还显著增强了农业生产效率，为经济发展注入了新的活力与动力。

————中国企业联合会管理现代化工作委员会专家、责扬天下联席总裁　管竹笋

（撰写人：王梦汐、赫建营、高砚）

乡村振兴

国网安徽省电力有限公司凤阳县供电公司
"五度电"让小岗旅游"热辣滚烫"

一、基本情况

公司简介

国网安徽省电力有限公司凤阳县供电公司（以下简称国网凤阳县供电公司）始建于 1975 年，归蚌埠公司代管（系安徽省唯一跨区域供电单位），供电面积为 1949.5 平方千米，服务用电客户 35.47 万户，其中大工业 330 户。现设 5 个职能部室、4 个一体化机构、2 个省管产业单位，管理 16 个中心供电所。共有各类用工 541 人，包括长期职工 175 人、供电服务员工 272 人（其中农电身份 259 人、直签用工 13 人），集体企业各类用工 94 人（其中集体身份 51 人、直签用工 43 人）。

行动概要

小岗村作为中国农村改革第一村，具有发展红色旅游的良好基础，但在景区用能转型的过程中还存在智慧用能有待提质、绿色转型有待提速、经济效益有待提高、用电安全有待提级、用电保障有待提升等问题。国网凤阳县供电公司主动联合当地政府部门、小岗村旅游产业代表、智慧农业、"农家乐"餐厅等相关利益相关方，围绕小岗旅游的"食、住、行、游、购"等要素，以"五度电"供好智能电，为民宿旅游增添舒适度；供好绿色电，为稻田旅游增添颜值度；供好经济电，为红色旅游增添效用度；供好安全电，为平安旅游增添信任度；供好可靠电，为小岗旅游增添知名度，让小岗旅游"热辣滚烫"。奋力创建彰显徽风皖韵的宜居宜业和美乡村，助力小岗村持续走在乡村振兴最前沿。

二、案例主体内容

背景／问题

新时代的乡村振兴，要把特色农产品和乡村旅游搞好；依托丰富的红色文化资源和绿色生态资源发展乡村旅游，搞活了农村经济，是振兴乡村的好做法。

2024年中央一号文件明确提出，实施乡村文旅深度融合工程，推进乡村旅游集聚区（村）建设，培育生态旅游、森林康养、休闲露营等新业态，推进乡村民宿规范发展、提升品质。这为构建现代乡村产业体系、打造特色乡村旅游产品、提升乡村旅游服务品质提供了重要遵循。

小岗村作为中国农村改革第一村，先后孕育并诞生了"敢闯、敢试、敢为人先"的大包干精神和"对党忠诚，一心为民，扎根基层，开拓创新"的沈浩精神，是当代中国宝贵的精神财富，是激励前进的精神力量。红色基因让小岗村在旅游产业方面有良好的基础、条件和优势，但在转型升级过程中仍面临一些问题，主要表现为：

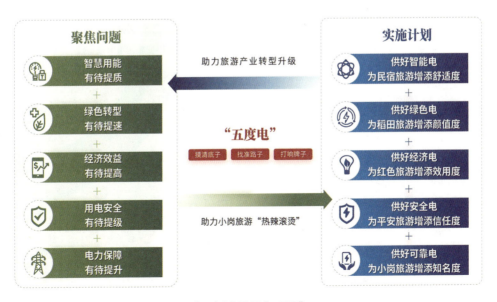

"五度电"破解"五不足"

一是旅游的智慧用能有待提质，各类旅游场景的用能情况未能实时掌握，无法有效开展能效分析；**二是旅游的绿色转型有待提速**，"绿色出行"理念未得到有效传播；**三是旅游的经济效益有待提高**，旅游产业附加值相对偏低；**四是旅游的用电安全有待提级**，当地农家、小岗村宿等多处易燃毛草房屋建筑，如因电气设备使用不当，极易引发火灾等安全事故；**五是旅游的电力保障有待提升**，配电自动化水平较低，还未实现故障自愈及负荷转供等新一代智能电网功能，无法满足不停电示范区建设要求。

行动方案

国网凤阳县供电公司围绕小岗旅游的"食、住、行、游、购"等要素，利用小岗村高比例可再生绿色能源的优越条件，供好智能电、绿色电、经济电、安全电、可靠电，助力小岗村旅游"热辣滚烫"，助力小岗村持续走在乡村振兴最前沿。

"五度电"具体措施

供好智能电，为民宿旅游增添舒适度

国网凤阳县供电公司助力小岗村对小韩庄民宿进行全电改造，引领零碳民宿的新潮。同时不断完善零碳乡村基础设施建设，提高游客入住及游玩的舒适度，带动小岗村旅游产业经济持续增长。**一是零碳样板让民宿用能更绿色。** 建设光储一体化零碳供能样板企

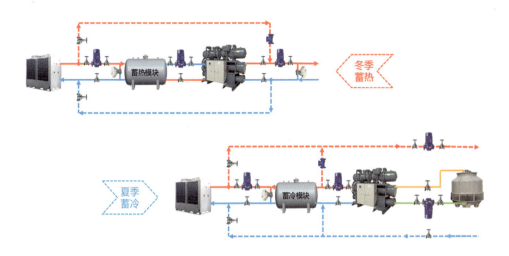

区域能源站集中供冷供热

业，采暖制冷、热水供应、餐饮等全部采用空气能热泵等电能设备。同时改造隔热墙体，安装智能家居、用能环境感知终端等设备，无须再额外增加空调、地暖等设备投资。平均每年可为民宿节约用电 1.5 万多千瓦·时，节省电费支出 4.4 万元。**二是电力研学让民宿入住更多元。**国网凤阳县供电公司持续以电网新质生产力助力乡村振兴，建设国网公

电气化智慧育秧中心

司系统首个电气化农机具共享驿站、安徽省首个光储直柔村委会、安徽省首个村级新型电力系统科普馆、电气化智慧育秧中心等设施设备，吸引大量研学人员前往观摩，增加了民宿的入住率。**三是智慧路灯让民宿特色更鲜明。**为降低公共设施能耗，对民宿沿线的改革大道和友谊大道两条主干道路灯进行改造，建设包含 LED 照明、监控、广播、气象环境监测等光储一体的智慧路灯，推动公共设施纳入能源托管，促进清洁能源就地消纳，提升公共设施能效水平。

供好绿色电，为稻田旅游增添颜值度

国网凤阳县供电公司充分认识到绿色、环保、可持续是旅游业的核心主旨，不断探索助力小岗旅游的新路径。**一是助力打造旅游网红打卡地。**建设小岗电气化农业示范区，通过在农田内安装部署光伏智慧排灌系统，建设电气化农机农具集中管理、租赁、充电示范点，助力普通农田改造为现代农业高标准示范田。在小岗电气化农业示范区，每年实施稻田画创意种植，以田为纸、以苗为墨，稻田画随风荡漾，画出了现代农业发展的美好图景，让现代农业既有产值，更有颜值，提升价值，成为游客竞相前往的网红打卡地。**二是提升绿色出行幸福指数。**在大包干纪念馆、小岗村游客中心等多个旅游景区停车场配套建设电动汽车充电桩和电动单车充电接口，游客能够在此进行电动汽车和电动单车

小岗电气化农业示范区

的扫码充电，可为车主节省驾车出行费用约 5.95 万元／年，减少碳排放 1.54 吨／辆·年。同时在景区内配备电动观光车，游客能够通过扫码等方式快速用车，代替步行游览，即走即停，方便省力。

供好经济电，为红色旅游增添效用度

国网凤阳县供电公司助力小岗村实施红色旅游场馆改造，开展"绿电厨房"改造，结合智慧用能平台（CPS 系统）建设，提供能源优化调控服务，保障安全用电和智慧用能的同时，拓展能源托管服务，最大程度节约用户用能成本。**一是在场馆节能上"开对方子"。** 基于"能效账单"，在大包干纪念馆、沈浩同志先进事迹陈列馆及小岗村游客中心三个场馆实施节能改造，整体能耗降低 10% 以上，年节约电费可达 7 万元。**二是在绿电厨房上"搭好梯子"。** 在大包干带头人 2 处"农家乐"餐厅实施"绿电厨房"改造，改造后的绿色厨房加热效率相比传统燃气灶具高出 30%~60%，成本低 40%~75%，减少碳排放 30%~50%。**三是在智慧用能上"找准路子"。** 建设开发"现代化农村智慧能源服务平台"（CPS 系统），通过对小岗村各旅游场景生产、配置、消费等各环节的感知调控，实现绿色能源的高效消纳、绿色能源的优化配置和绿色能源的科学消费，促进源网荷储协调优化，助力小岗村旅游经济效益提升。该系统获得第四届三农科技服务金桥奖，系

小岗乡村智慧能源数字化服务平台

安徽省内唯一获此殊荣单位。

供好安全电，为平安旅游增添信任度

安全是平安旅游的第一要义。国网凤阳县供电公司为供好安全电，采取了以下措施：**一是实施易燃建筑精准化服务。** 针对"当年农家"、小韩庄民宿等茅草屋建筑特点，开展"安全用电到农家，电力服务进民宿"活动，组织人员重点排查用电设备质量是否符合国家标准、用电设备周边安全距离是否符合要求、用电设施是否超负荷运行、电缆电线是否老化、应急方案是否扎实有效。对现场排查出的安全隐患，采取"发现即处置，发现即劝改"的方式，下达《隐患限期整改通知书》，引导和帮助旅游公司及时整改，并跟踪检查整改情况。**二是推深做实网格化服务。** 以"网格台区经理"组成保电服务小队，针对景区的用电特点制订专项巡查方案，做好节假日期间的负荷预测工作，确保景区设备安全稳定运行。加大大包干纪念馆、沈浩同志先进事迹陈列馆等红色景点的设备的巡视和检查力度，充分利用红外测温仪、局放检测仪等智能化仪器对场馆内部设备进行延伸检测、指导服务，做好电气设备的日常运行记录，确保第一时间发现问题、第一时间解决问题。**三是拓展延伸个性化服务。** 发放"微折页"，印刷针对安全用电、节约用电、智能缴费、电力设施保护等的宣传册，增强旅游公司规范用电、安全用电意识。推广使

开展安全用电宣传

用"二维码",发放印有供电客户经理电话的二维码服务卡,公布客户经理的照片、姓名、工作职责、联系方式、服务内容、监督电话等,畅通服务渠道。

供好可靠电,为小岗村旅游增添知名度

国网凤阳县供电公司以"先进性、兼容性、可靠性、实用性"为建设原则,全面开展供电设备升级改造,不断提升配电网自动化、智能化水平,为景区提供更加安全可靠的供电保障。**一是建设核心区域不停电示范区。**推进小岗村电网数字化升级,实施核心区域配电自动化建设,通过联络转供、不停电作业等方式,实现电力的连续供应,提升小岗地区电力用户供电可靠性和供电服务质量。**二是升级配网线路故障自愈能力。**利用线路上安装的智能断路器与主站系统通信自动化装置,实时监测配电线路的"健康状况",及时发现线路的"病症",诊断出"病灶"的位置并将其"切除",随后自动恢复其余"健康部位"的供电。**三是建设数字化保电指挥中心。**小岗村每年要举办 10 余次重大活动,是宣传小岗品牌的重要平台。国网凤阳县供电公司通过配网全景智慧管控平台,发挥远程调度优势,实时监测各类重要场馆所涉配电室、线路及设备,实现保电工作"不间断、零闪动、无感知",助力小岗村持续提升知名度。

多重价值

电靓"一方绿",旅游场所颜值更高

有了"绿电"的可靠加持,进一步加快完善了小岗村的旅游产业链,推动业态创新,旅游场所旧貌换新颜。"当年农家"拓展项目推出包括 20 世纪 70 年代小岗村 20 户农民生产生活场景、茅草房精品民宿、农趣体验园、农业大地景观四大功能区,现已成为小岗村新晋网红打卡点;新开发了小岗村、小韩庄特色文化民宿,还原人民公社时代的青春记忆场景,带动乡村旅游"夜经济"发展;打造小岗乡村小舞台,邀请非物质文化遗产传承人表演原汁原味的"凤阳花鼓";引入凤画工坊、花鼓工坊、老酒坊等传统特色手工艺坊,开发互动性、参与性、趣味性文化体验综合项目;采取传统工艺,生产小岗粉丝、麻油等一系列旅游商品,创新红色旅游营销,成立电商公司,网上展示、销售当地特产。

建好"一张网",旅游产业产值更优

2023 年,小岗村旅游区累计接待游客 55 万人次,研学学生 2.5 万人次,小岗干部学院培训学员 152 期 1 万余人,实现旅游综合收入 1.5 亿元。为小岗村集体经济收入贡

献 650 万元，同比增长 23%。2023 年，小岗村每位村民分红金额为 700 元，同比增长 7.7%。小岗村先后获得"全国乡村旅游重点村""中国美丽休闲乡村""全国生态文化村"等多项殊荣。

倾注"一片心"，供电服务增值更多

本项目实施以来，国网凤阳县供电公司在小岗地区实施电网改造项目 27 项，总投资 3482.8 万元，新建改造 10 千伏线路 29.478 千米、新建改造 0.4 千伏线路 70.281 千米、新建配电变压器 29 台。同时完成旅游场馆用能改造、绿色厨房建设改造、零碳民宿试点改造、电动汽车充电网络建设、主干道核心区智慧路灯建设、智慧用能平台（CPS）部署等重点工作，这些项目的实施将有效保障小岗村各类旅游产业的用电增长需求，同时也为区域经济高质量发展提供了"原动力"。小岗村获评国网助力乡村振兴示范村、国网"村网共建"电力便民服务示范点，"振兴在小岗 '智电'满粮仓"项目荣获"金钥匙·冠军奖"。

立起"一面旗"，小岗振兴价值更大

乡村振兴，小岗先行。2022 年 6 月 23 日，首届长三角绿色食品加工业大会在小岗村圆满举行并被确定为永久会址，吸引全国 150 多家食品工业领军企业、投资机构、采购商参加，壮大乡村产业的集结号在这片希望的田野上吹响。随着全国农村宅基地改革

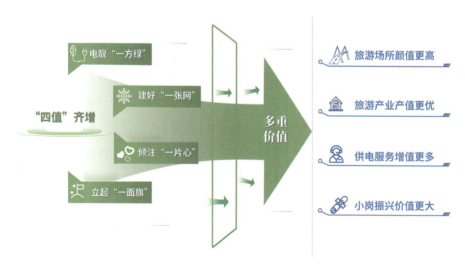

"四值"齐增示意图

学术研讨会、长三角网信大会、安徽省"村长"论坛等诸多大型重要会议在小岗村顺利召开，小岗村的文旅产业形成高质量发展的良好态势，小岗村品牌效应不断提升，成为长三角乡村振兴的"绿色标杆"。

外部评价

小岗村旅游管理有限公司总经理杨永强： 旅游场馆用能改造后，用能情况一目了然，一年节约了 7 万多元的用能成本。

小岗村宿负责人韩正亮： 小岗村宿开园以后，极大地丰富了小岗村文化旅游服务新业态，让更多游客留在小岗、游在凤阳，"零碳民宿"也将成为乡村旅游消费产品的新亮点、新卖点，这背后当然离不开可靠的电力供应。

小岗村村民李士： 智慧路灯的安装，不仅提升了村容村貌，改善了人居环境，每年还能为村里节省近千元电费支出，真是既好看又实用。

未来展望

2024 年 11 月 15 日，在哥伦比亚卡塔赫纳举行的联合国旅游组织执行委员会第122 次会议上，公布了 2024 年"最佳旅游乡村"名单，安徽省小岗村入选。近年来，被誉为"中国农村改革第一村"的小岗村延续改革创新精神，以"+ 旅游"的思路谋划发展，坚持保护乡村绿色生态、激活乡村历史文化、推进乡村产业融合，打造宜居宜业宜游的和美乡村样板，探索出一条乡村旅游助推乡村振兴的可持续发展道路，从一个贫穷落后的村庄，发展成为集红色旅游、现代农业、生态观光于一体的世界最佳旅游乡村。

国网凤阳县供电公司将持续围绕小岗旅游的"食、住、行、游、购"等要素，坚持以电力数据为抓手，充分挖掘当地政府部门、当地旅游产业代表、智慧农业、"农家乐"餐厅及外来游客等相关方对电力服务的真实需求，以小岗村旅游业可持续发展为核心，全力以赴用满格电为小岗村旅游业充电赋能。

乡村振兴

国网甘肃省电力公司东乡县供电公司

"电"靓山城，
深山沟开出民族团结"石榴花"

一、基本情况

公司简介

国网甘肃省电力公司东乡县供电公司（以下简称东乡公司）成立于 2015 年 4 月。设有 5 个管理部门与 2 个业务机构，下辖 10 个乡镇供电所及 7 个班组。东乡公司肩负全县 24 乡镇、9.26 万户的供电重任，电网设施完善，拥有 3 座 110 千伏、13 座 35 千伏变电站，以及广泛分布的输电线路与配电变压器，确保了电力供应的广泛覆盖与高效运行。东乡公司注重科技创新与人才培养，通过引进先进技术、优化管理、培育专业人才，不断提升综合管理水平与服务效能，为东乡县的经济社会发展提供坚实的电力保障，被东乡县委、县政府授予"民族团结进步先进集体"荣誉称号。

行动概要

东乡是少数民族聚居地、乡村振兴重点帮扶区，习近平总书记曾提出"要把水引来，把路修好，把新农村建设好"的殷切嘱托。东乡公司聚焦"电网建设改造""护航产业发展""培育文旅业态""延伸供电服务"等重点领域，开展"一花五瓣"特色品牌建设，创新"五心六度"服务模式，构建"电亮山城"能源服务产业发展联盟，打造民族团结"新基地"、新质生产"加速带"、电产融合"示范区"，为西北民族区域产业发展、乡村振兴提供"东乡样板"，"电"靓深山沟里民族团结"石榴花"。

二、案例主体内容

背景／问题

海拔 1900 米的布楞沟，东乡语意为"悬崖边"，地理环境恶劣，山大坡陡、沟壑遍布，基础设施建设极为滞后。党的十八大以来，东乡公司加速电力服务现代化，构建智能化电力体系，确保全域村民用电无忧。但在迈向新时代发展的道路上，东乡发展仍面临一些亟待解决的"痛点"问题：

电力资源整合的合力规划引领缺失。规划引领的缺失导致乡村发展失去方向，资源分配不均与重复建设问题频发，而动员能力不足则削弱了社会各界的参与热情，使好政策难以深入人心，好项目难以获得足够的支持。

电网基础建设的全面升级保障滞后。部分地区的电力设施老化严重，电网结构不够健全，电能替代力度不足，传统用能方式导致环境污染、生态破坏，亟须推动电网建设向智能化、绿色化转型。

产业互嵌融合的协同消纳体系欠缺。随着畜牧、文旅等产业的快速发展，新建园区、景区电力负荷增加，加大农村电网规划、运营与调度难度，亟须积极融入当地"能源＋"协同服务体系。

服务水平提升的创新发展动力不足。对于智能电网、大数据分析、人工智能等前沿技术的应用不够广泛和深入，导致在故障预测、运维管理、客户服务等方面的效率和质量受限。

行动方案

优质服务，打造互嵌共建"奋进家园"

传承"马进伟共产党员"精神，打造优秀供电服务团队。一是建立党员责任区、党员示范岗、党员监督岗等，亮出身份、亮出职责、亮出风采，主动服务、用心服务、倾情服务，当好人民群众的"电管家"。二是组建共产党员服务队广泛开展"红马甲"进学校、进农民养殖基地，支农、助农、援农活动和社会公益活动，架起为民服务的"连心桥"，让农村生产生活从"用上电"到"用好电"。

打响叫亮"一花五瓣"的一个工作特色品牌。打造"石榴花开"大讲堂、开展"我为公司发展添动力"大讨论活动等特色课堂；开展创拍展播民族团结进步主题宣传片、推出 5 部"电力与临夏"故事类短视频作品、开展"同心石榴籽·共续民族情"主题展览活动等主题活动；扎实推进"雷锋班"服务活动、"光明驿站"志愿服务活动、"送政策、送服务"下基层活动、"河州党旗红·服务我争先"服务品牌活动等四项服务。

民生保障，打造互嵌共融"幸福家园"

科技赋能农网改造，促进电网建设升级。一是提升配网工程管理水平、保障施工安全、提高工程质量，开展基于人工智能的配网工程，施工现场应急管理监测及图像定位识别关键技术研究及应用。二是合理疏导配网建设成本，平衡各方利益，优化资源配置，进行贫困县域配电网规划建设效益评估、成本疏导模型的研究及应用服务。三是在配电网建设中，针对提高架线的操作便捷性、故障检测的精准和效率，结对县公司专业对口技术人才，积极申请专利，沉淀工作经验。

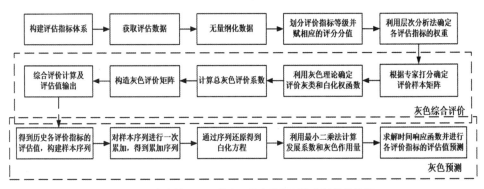

配网工程应急管理问题综合评价方法和预警分析整体流程

"双网融合"提速增效，推进乡村振兴。深化"双网融合、双格共建"，做到"一村（社区）一号，客户全覆盖，换人不换号"，编制严密服务网络，实时感知客户需求，打造供电服务"一刻钟响应圈"。建立"线上为民办实事记录本"，全客户、全市场、全渠道、全量录入客户诉求。细分客户群体，精准制定服务内容，以"五心"（"贴心"服务百姓诉求、"暖心"服务弱势群体、"用心"服务乡村振兴、"精心"服务经济发展、"细心"服务新兴业态）服务理念，实现"六度"（普遍服务更有温度、重点服务更有精度、报装接电更有速度、市场开拓更有力度、合规服务更有深度、品牌形象更有誉度）服务目标。

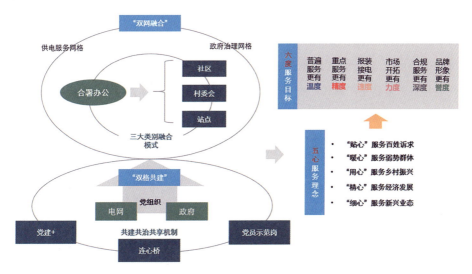

"双网融合、双格共建"供电服务模式架构

产业融合，打造互嵌共富"示范家园"

助力畜牧产业管理，优化电力资源配置。一是针对畜牧产业的特点和需求，优化电网布局，合理增设变电站，缩短供电半径，减少电力传输过程中的损耗，为东乡羊产业的养殖、饲料加工、屠宰、冷链运输等环节提供强有力的电力支撑。二是支持智能化设备的广泛应用，如智能温控系统、自动喂食系统、环境监测系统等，利用智能电网技术，实现精细化管理。三是提供综合能源服务，包括能源审计、节能评估、能效提升等，帮助养殖企业降低能源消耗成本，提高能源利用效率。

助力"电网＋文旅"融合，推动旅游品牌建设。一是深度挖掘与整合其独特的餐饮文化、非物质文化遗产及民俗资源，以"布塄沟村"建设为契机，着力服务"电网＋文旅"的深度融合发展策略，挖掘"电网乡村振兴故事"，打造"高原山城、多彩东乡"旅游品牌。二是建立"零碳经济"文旅新模式，通过"零碳＋生态"的乡村振兴品牌塑造，提升地区旅游形象，展现东乡在生态环境保护与经济发展之间的平衡之道，打造临夏州首个"零碳示范景区"。

助力能源产业落地，推广光伏"蓝海"服务。一是坚持光伏电站同步并网、电量全额消纳、收益及时支付的工作目标，建立县、乡镇、农户三级对接的光伏推广机制，根据电网布局和消纳条件,提出选址建议,简化关口管理和并网业务流程,精简业务资料、减少审批程序,压缩接电时间,提高并网效率,从而最大限度推动光伏项目落地实施。二是将光伏发电与现代农业种植深度融合,在大棚顶部铺设光伏板,实现了"板上发电、板下种植"的复合生产模式,依托电网数据分析和预测能力,为"农光互补"项目量身定制精准的能源管理方案,实现清洁能源的最大化利用。

服务延伸,打造互嵌共乐"精神家园"

内部锻造员工服务能力,打造"东乡铁军"软硬实力。一是创新员工服务行为"驾照式"三色12分制管理模式(对剩余积分为9~12分的员工赋绿色,对剩余积分为5~8分的员工赋黄色,对剩余积分为0~4分的员工赋红色),实施供电服务人员"取证上岗—学习积分—违章记分—考核追责—学习消缺"五大环节完整闭环管理,提升基层业务服务水平。二是搭建职工"五小"(小发明、小创造、小革新、小设计、小建议)发明创造平台。针对东乡"山大沟深"的地貌特征等较多的不利因素,搭建职工"五小"发明创造平台,激发职工的潜力,让劳模、技术能手在提升职工队伍基本功方面更好发挥带动作用。

外部营造能源生态"朋友圈",打造"电亮山城"服务价值。一是联合"政—企—产—村—电"等各类主体,成立"电亮山城"能源服务产业发展联盟,汇聚联盟单位优质资源,建立联盟成员间的定期交流机制,构建阳光办电服务体系、综合能效服务体系、多能供应服务体系、清洁能源服务体系的四大服务体系,营造"共创共赢、互惠互利"的能源生态"朋友圈"。二是促进与政府、各产业园区"报、网、端、微、屏"等媒体互联,结合外界关注点,从供给侧、需求侧双向发力,推进全媒体传播,主动策划、内外融合、协同传播,创新宣传报道形式,打造"电亮山城"服务价值融合传播的东乡范式。

多重价值

进一步优化电网建设,提高供电可靠性。2023年,东乡公司的供电可靠率为99.7727%,同比下降0.0439%;电压合格率达到99.762%,同比上升0.192%。同时通过加强指标管控,实现企业降本增效。2023年,电费回收率始终保持100%,综合线损率为4.85%,同比下降0.10%,业扩报装新装增容2267户,容量7.45万千伏安。

服务和美乡村建设。服务、带动村民经济提升,布楞沟养殖合作社,多数采用电气化设备制作饲料,养羊200余只,年纯收入达13万元。对区域电力设备"私拉乱接""脏乱差"安全隐患进行了全面排查治理、改造，有效提升了村容村貌及县容县貌。通过积极推广电能替代、引导居民向低碳生活方式转变，促进清洁能源就地消纳，减少对周围环境的影响。

东乡公司组建共产党员服务队广泛开展"红马甲"进学校、进社区、进农民养殖基地，支农、助农、援农活动和社会公益活动，架起为民服务的"连心桥"，让农村生产生活从"用上电"到"用好电"，实现了"电力送到田间地头，服务进入千家万户"的目标，被东乡县委、县政府授予"全县民族团结进步"示范企业，相关成果在《人民日报》、中国甘肃网等主流媒体进行报道，其中东乡公司可持续发展案例《浇灌民族团结之花，"电"靓山城振兴之光》获评 2023 年度 ESG 案例奖。

未来展望

互嵌共融，构建民族团结"新基地"

践行"人民电业为人民"服务宗旨，围绕"布塄沟村 AAA 级景区建设""产业转型升级""人民便捷生活"等，设立光明驿站，挖掘典型故事，通过党建宣传引领，铸牢"政、网、村、企、民"融合发展意识，开展党员示范岗、党员责任区、党员监督岗等活动，实施"一花五瓣"行动，深化农村定点帮扶，促进"双网融合"，构建东乡民族区域内协同发展、共享共赢"示范基地"，打造电力赋能民族团结"东乡样本"。

科技赋能，打造新质生产"加速带"

充分发挥科技创新对和美乡村建设、民族团结发展的支撑引领作用，深化农村配电网规划、建设、管理等方面的数据分析与应用，围绕网架结构优化、老旧台区整台区改造升级、业扩配套工程等领域，加大电网数智化、绿色化改造升级力度。对内，继续完善职工"五小"发明创造平台，激发员工创新热情与创造活力，以"科技"之笔绘就民族团结进步创建工作"实景图"。

能源整合，打造电产融合"示范区"

依托属地能源资源优势，探索"电力 +"畜牧、文旅、新能源等产业融合发展路径。通过与饲料加工、屠宰加工、冷链物流等相关企业建立合作关系，电力供应保障和智能化应用支持，推动畜牧业产业链的整合和优化；通过充分挖掘整理东乡餐饮、非物质文化遗产、民俗等，发挥区位和资源优势，促进"电网 + 文旅"深度融合，着力服务打造"高原山城、多彩东乡"旅游品牌；持续开展光伏项目助力光伏产业发展，体现中央企

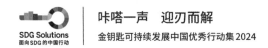
业责任担当，为乡村振兴全面衔接发展注入"动力电"。

三、专家点评

　　国网东乡县供电公司通过电力服务与产业支持的深度融合，以产业赋能巩固民族地区经济基础，助力特色产业规模化发展，激活乡村经济内生动力，帮助乡村构建绿色能源体系；以民生服务促进民族情感融合，精准解决基层用电难题，推动公共服务均等化；以长效机制构建民族团结生态，打造"电力＋帮扶"可持续模式，形成了"电力支撑产业—产业带动就业—服务促进团结"的闭环模式，为民族地区协同高质量发展提供了可推广的实践样本。

——可持续发展经济导刊副主编　杜娟

（撰写人：陈杰、马伟杰、赵鑫鑫、杨发义、刘海龙）

乡村振兴

国网甘肃省电力公司天水供电公司

"电"助红火麻辣烫，
留下网红"大流量"

一、基本情况

公司简介

国网甘肃省电力公司天水供电公司（以下简称国网天水供电公司）成立于 1972 年 10 月，现有 5 个二级单位、7 个县（区）公司和 1 个产业单位。先后荣获"全国文明单位""全国五一劳动奖状"，连续十一年荣获全国"安康杯"劳动竞赛优胜企业称号，获"全国电力行业企业文化品牌影响力企业""国家电网公司文明单位""国家电网公司先进集体"等荣誉称号，已连续三年发布公司《社会责任实践报告》，向社会各界披露公司在完善社会责任管理体系、回应社会各界诉求、履行社会责任等方面成效。

行动概要

一碗麻辣烫，点"燃"一座城。2024 年 3 月，甘肃天水麻辣烫迅速走红，据统计上半年共接待游客 3104.14 万人次，旅游收入为 177.58 亿元，同比分别增长 42.95% 和 43.92%。国网天水供电公司基于麻辣烫爆火前振兴乡村供电建设、爆火中期定制服务和应急保障、爆火后期服务优化和拓展增值三阶段服务原则，以"流量经济"延伸为长期可持续的"留量经济"为目标，从扩大服务覆盖能量、拓宽"1→N"容量、提升专业纵深质量、放大内外影响声量四大方面落实乡村振兴战略与区域经济发展的建设需求，为展现天水的古城魅力贡献电网力量。

二、案例主体内容

背景／问题

西北地区如何做好落实乡村振兴战略下流量经济的可持续发展，是当下天水面临的直接挑战。现阶段，由于农村经济发展仍存在基础设施不足、产业结构单一、生态承载力低、资金和人才短缺、同质化竞争激烈等高质量发展难题。只有真正将短期本地"网红流量"实实在在留在本土，发挥创新优势，才能促进天水绿色可持续发展。因此，为助力乡村振兴战略落地，加大经济发展动能，提升服务体验感知，使"流量"变"留量"，作为驻地中央企业，国网天水供电公司义不容辞。

行动方案

国网天水供电公司以"流量经济"延伸为长期可持续的"留量经济"为目标，从扩大服务覆盖能量、拓宽"1→N"容量、提升专业纵深质量、放大内外影响声量四大方面，推动乡村振兴战略落地与区域经济发展，为展现天水古城魅力贡献电网力量。

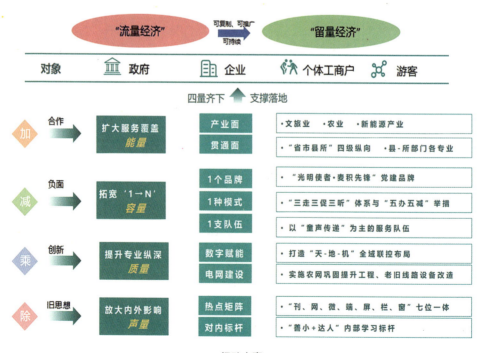

行动方案

"加"大多方通力合作力度，扩大服务覆盖能量

签署合作协议，构建政企合作共同体。一是参与乡村振兴和新型城镇化建设。公司牵头与天水市乡村振兴局签订双方合作框架协议，在"市（县）—所"两级建立负责人定期协商机制、部门联席会议制度、信息共建、共享、共用机制等，并大力推进电网升级改造、光伏等清洁能源产业建设，积极招商引进电力配套产业项目，支持重大项目、重要时段、重点部门用电保障，参与乡村振兴和新型城镇化建设。二是建立企企电力服务共赢产业链。为助力农业产业链上下游建设，按照"一园区一方案、一企业一策略"原则，加强电量数据监测场景动态监控及预警分析，及时开展热点台区增容和负荷梳理分配工作，助力众兴菌业（上市公司）、鑫林农业（中小企业）、甘谷花椒基地（集群区）等各类上下游客户分类增供扩销。

强化保障供电，横纵贯通全业务部门。一是高标站位强化组织保障。针对保供电事项，坚持"省、市、县、所"四级要求纵向贯穿，成立保电工作领导小组，精心编制并下发保电工作方案，明确工作重点，制定内容清单，落实工作责任。二是严防严控强化电网保障。针对应急管理事项，始终保持"县—所"部门各专业横向联动，对电网薄弱环节开展风险分析，并逐条制定有针对性的预控措施，对管辖电网及各类企业进行安全防护情况检查，完成电力监控系统等级保护备案工作。

"减"少负面不全反馈，拓宽"1→N"容量

创建"1"种模式，全方位辐射"N"项服务场景。一是落实执行"三走三促三听"卓越服务体系。为着力提升供电服务质量，落实"走政府、促发展、听意见；走客户、送服务、听诉求；走基层、促提升、听呼声"的"三走三促三听"卓越服务体系，近年来持续开展"一次都不跑""一窗通办""重大项目供电服务清单""花椒烘烤跟踪服务""2024天水麻辣烫电力服务地图"等专项行动，"零投资"小微企业平均办电时长较规定时间缩短3.35天。二是扎实推行"五办五减"创新举措。为提升"获得电力"服务水平，创新推出报装接电"特殊办、减流程；加急办、减时间；容缺办、减资料；网上办、减跑路；帮你办、减聚集"的"五办五减"服务举措。针对麻辣烫个体户售卖集中区域，及时调拨小型UPS5台·次、应急发电机8台·次、应急照明设备10台·次存放在指定区域，对有临时接电需求的用户，开辟绿色通道，进行日清日结。

组建"1"支队伍，全覆盖开展"N"类联合活动。一是组建天水"童声传递"队伍。

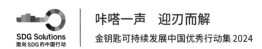
以"小切口、微改进、微提升、重长效"为根植方向，基于国网天水供电公司 10 年持续开展关爱农村贫困、残障、留守儿童志愿服务活动中积累的丰富经验，以拓宽现有推广模式为切口，助力推动美丽乡村建设开展电能替代工程，找准"一个儿童代表一个家庭"的基准点，引导儿童参与乡村电气化推广环节，发挥"小手拉大手"的作用，通过"普及一个儿童、带动一个家庭、拓宽一个渠道"的方式，将单一的、活动化的爱童服务转变为多维的、项目化的社会服务。二是联合利益相关方开展各类活动。以点成线，发挥"电力网格员＋电力宣传员"服务力量的作用，秉持用孩子听得懂、学得会的寓教于乐方式，向留守儿童详细介绍电力知识，如安全使用家用电器、错峰用电、有效触电急救等；以线成面，发挥"小手拉大手"的作用，让留守儿童成为"电力宣传员"，通过开展知识宣讲、发放宣传手册等方式，向村民推广节能环保的家电产品，宣传智能用电、节能环保及安全用电小常识等相关知识，实现以儿童带动家庭，以家庭带动社会。

共建"1"个品牌，全天候对接"N"次用电服务。 一是党建引领，品牌建设。统一"光明使者·麦积先锋"党建品牌，主动加强与地方政府、重要客户、社会群体等沟通交流。强化"一个党员一个故事"宣传展示，通过邀请主流媒体体验式采访、麦积先锋故事宣讲会、新媒体传播等，促进服务品牌集聚、辐射效应。二是堡垒作用，融入日常。坚持"不停电就是最好的服务"理念，大力开展"贴心行动"，聚焦"带电作业""零点检修""差异化抢修"，逐步打造不停电社区服务圈，为用户提供"全天候、全方位、全覆盖"用电服务。

"乘"势推动数智创新，提升专业纵深质量

数字赋能，打造"天—地—机"全域联控布局。 一是全景监控，点云采集。针对线路防雷、防鸟、防冰、防地质灾害等情况，基于人工智能、数据融合技术和风险评估模型，利用公司开发的智能监控预警平台，解决因山体滑坡、导线舞动等引发的设备故障。利用先进的无人机设备，结合高精度的激光雷达技术，成功对所管辖 35~330kV 输电线路设备进行无人机点云采集、航线规划。二是一站集成，智能巡检。建设智能巡检主站系统，采用"机器人＋无人机＋视频＋红外"联合巡检模式，实现变电站一次设备运行信息、设备状态监测信息等运检全业务数据整合，完成变电站智能视频巡检系统、一键顺控系统建设。三是区域覆盖，智能监测。应用统计分析、大数据技术挖掘提取历史停电信息和停电措施，直观展示区域内频繁停电设备以及产生的影响，辅助现场实现业务

运行的精准监控、动态智能分析。

电网建设，聚焦主责主业实现稳定可靠用电。一是实施农网巩固提升工程。以安全可靠、经济合理、坚固耐用的新一代农村电网服务乡村振兴，推动农业农村现代化发展，着力提升乡村电网 10 千伏及以下电网供电能力，及时满足农村产业及电气化发展的用电需求。二是开展治理"卡脖子"问题等活动。增加配变布点，缩短低压供电半径，保障末端供电能力和电压质量。开展老旧线路设备改造，提升抵御自然灾害能力，对线路运行时限超长、导线截面较小且经常发生故障的裸导线进行改造升级，助推农村安全用电水平提升。

"除"去畏难怕新旧思想，放大内外影响声量

拓宽渠道，配合构建"一体化"热点传播体系。一是方式创新，配合构建全方位传播新模式。聚焦"旧＋新"媒体融合，在发挥主流媒体新闻专业性的同时实现新旧媒体的深度融合，并结合"线上＋线下"宣传，立足主责主业，主动为公司宣传部门工作的高效开展和重大项目的顺利推进营造有利的线上、线下两个舆论场。二是全息呈现，配合构建立体化报道新形态。在基层打造"刊、网、微、端、屏、栏、窗"七位一体传播矩阵，在实现新闻事件 24 小时全程跟踪报道的基础上，利用多类型、多渠道的传播方式实现对热点新闻事件（如天水麻辣烫服务）全方位的立体化报道，打造电网助力乡村振兴"爆款"作品。

树立标杆，营造内部争做"善小＋达人"氛围。一是履职践诺情况纳入认证评价。选出"光明之星"先进典型职工，开展系列"善小"学习宣传，以学习成果和榜样力量凝心聚力。二是搭建职工"五小"发明达人平台。通过小发明、小创造、小革新、小设计、小建议，激发职工的潜力，让劳动模范、技术能手在提升职工队伍基本功方面更好发挥带动作用。

多重价值

为游客及用户提供优质用电服务体验。截至 2024 年 7 月，天水的热度不减，国网天水供电公司在麻辣烫原材料生产加工、销售和旅游住宿等方面推出了一系列用电保障措施，持续开展"供电服务长周期"记录创建活动，全渠道诉求量压降 10% 以上。天水地区商业用电同比增长 9.7 个百分点，农业用电同比增长 11.07 个百分点。可靠稳定、高质高效的电力供应成为农业增产增收、商业活跃繁荣的基础保障。

基于"三走三促三听"服务体系，践行"双格共建、双网融合""供电＋社区""供电＋村委会"供电服务新模式，针对服务天水麻辣烫文旅经济，推出 24 小时"电保姆"服务，25 辆小黄车开展电力便民移动服务，建立"四合院"商铺微信群，实时解决商铺用电需求 400 余次。截至 2024 年 8 月初，对网红麻辣烫经营圈持续保电累计 120 天，出动保电车辆 11 辆次，发电机 12 台次，移动箱式变 5 台次，累计出动人员 733 人次参与保电及施工改造工作。

进一步提高电网设备质量，提高供电可靠性，助力经济社会发展需求。 对区域电力设备"私拉乱接""脏乱差"安全隐患进行全面排查治理、改造，有效提升村容村貌及县容县貌，服务乡村振兴建设。开展天水市"千村万户驭风沐光"清洁新能源入网服务，截至目前新能源装机容量全市占比 51.6%，容量同比升高 51.14 个百分点，天水超过一半的电量来源于本地绿色清洁能源。

提升公司履责形象，获多方认可。 项目在实践应用中的成效被《中国电力报》、今日头条、澎湃新闻、青春国网、每日甘肃网、新甘肃、天水青年等 20 多家媒体报道，获得了专家的高度认可与充分肯定，其衍生项目——《"与爱'童'行"——电力"童声传递"，推动乡村电气化水平提升》获甘肃省文明办的高度认可，并获评"2024 绿光 ESG 榜典范案例 TOP100"（第 22 位），以及细分赛道"典范责任贡献榜 TOP10"，赢得利益相关方的点赞。

未来展望

加快形成新质生产力，推进电力大数据属地运用

通过大数据和互联网平台技术运用，扩大服务范围，从企业合作路径、政企融合方式等方面继续优化打造天水乡村振兴能源生态数字化品牌，推动能源产业和天水特色产业的深入融合，实现用数字化能源产品服务为实体经济赋能的目标，充分促进各类成果应用价值和宣传价值的转化。

扩大利益相关方范围，持续优化多方合作共同体

将总结优化目前电力服务新模式创建经验，拓展非政府组织（NGO）合作，建立合作关系，共同开展相关服务活动，与 NGO 组织共享资源、活动经验等，共同策划、实施联合项目，如电力扶贫、环保宣传等，扩大活动影响力。此外，拓展企业合作，与产业链上下游企业建立合作共同体联盟，提升整个行业的形象与影响力。

推动项目持续深入，加快数字示范建设与推广

联合公司数字化部门强化平台应用，提升数字化能力开放平台、i国网等平台活跃度，新纳入人工智能、5G、物联网等新一代信息技术，联合高校、行业、专业机构等，做好下一代电力服务新模式的数字化、智能化的储备研发工作，提升项目管理精益化水平。

三、专家点评

国网天水供电公司通过多维度的电力服务创新与产业赋能，为当地麻辣烫产业的高质量发展提供了关键的能源支撑和保障体系。以基础设施升级保障产业稳定运行、以服务模式创新驱动产业升级、以协同机制构建可持续发展生态，搭建的"基础保障—服务创新—生态协同"的立体化支撑体系，不仅突破了麻辣烫产业爆发期的短期用电瓶颈，更通过全链条赋能推动"流量经济"向"留量经济"升级，形成"一业兴带百业旺"的区域发展新格局，体现了央企在乡村振兴中的责任与担当，这种探索值得推广。

——可持续发展经济导刊副主编 杜娟

（撰写人：王凌波、马建峰、刘长）

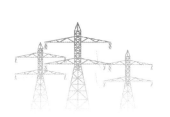